HTML 5+CSS 3 网页设计教程

张星云　彭进香　邢国波　主　编

清华大学出版社

北　京

内 容 简 介

本书结合作者多年实践教学经验，以实用性为导向全面讲解 HTML 5+CSS 3 网页设计核心技术。全书共 11 章：第 1～5 章是 HTML 部分，介绍 HTML 常用标签使用及 HTML 5 新特性；第 6～9 章是 CSS 部分，主要介绍 CSS 层叠样式表应用和使用 CSS+DIV 实现页面布局及网页美化；第 10 章介绍 CSS 3 的 2D 和 3D 转换、CSS 3 动画效果；第 11 章以"电子产品购物网站首页实现"开发案例进行综合讲解。本书各章整体结合实例讲解难点和关键技术，在实例上侧重实用性和启发性；特别强调关于知识点的能力目标，通过合理的任务驱动和实践环节提高静态网页制作能力。

本书适合作为高等院校计算机、电子商务等相关专业的本科、专科网页设计课程教材，也适合网页制作初学者和网页设计人员、Web 前端开发工程师参考与学习，同时也可作为相关培训教材。

图书在版编目(CIP)数据

HTML 5+CSS 3 网页设计教程/张星云，彭进香，邢国波主编. —北京：清华大学出版社,2021.1（2022.9 重印）

ISBN 978-7-302-57284-8

Ⅰ. ①H… Ⅱ. ①张… ②彭… ③邢… Ⅲ. ①超文本标记语言—程序设计—高等学校—教材 ②网页制作工具—高等学校—教材 Ⅳ. ①TP312 ②TP393.092.2

中国版本图书馆 CIP 数据核字(2021)第 005042 号

责任编辑： 桑任松
装帧设计： 杨玉兰
责任校对： 吴春华
责任印制： 宋 林
出版发行： 清华大学出版社
      网 址： http://www.tup.com.cn, http://www.wqbook.com
      地 址： 北京清华大学学研大厦 A 座   **邮 编：** 100084
      社 总 机： 010-83470000   **邮 购：** 010-62786544
      投稿与读者服务： 010-62776969, c-service@tup.tsinghua.edu.cn
      质量反馈： 010-62772015, zhiliang@tup.tsinghua.edu.cn
      课件下载： http://www.tup.com.cn, 010-62791865
印 装 者： 大厂回族自治县彩虹印刷有限公司
经 销： 全国新华书店
开 本： 185mm×260mm   **印 张：** 12.75   **字 数：** 307 千字
版 次： 2021 年 3 月第 1 版   **印 次：** 2022 年 9 月第 2 次印刷
定 价： 38.00 元

产品编号：088876-01

前　　言

　　HTML 5、CSS 3 技术是所有网页技术的基础与核心，无论是在互联网上进行信息发布，还是编写可交互的应用程序，都离不开这门语言的综合应用。

　　本书结合网页设计初学者的特点来设计章节结构，配以大量的范例说明、对比分析和经典的配套练习帮助读者快速理解网页开发中的重要概念，进而能自己动手进行设计。本书具体内容介绍如下。

　　第 1 章主要介绍 HTML 的相关基本概念和 HTML 常用的基本元素以及网页文件的结构；第 2 章介绍超链接标签、图片和 HTML 5 多媒体元素标签的创建；第 3 章主要介绍列表的实现和嵌套列表的创建；第 4 章重点介绍表格创建及属性的使用，对框架结构进行讲解；第 5 章介绍表单元素的创建；第 6 章讲解 CSS 语法结构及 CSS 的使用；第 7 章重点介绍运用 CSS 实现不同导航的创建；第 8 章介绍网页的布局方法；第 9 章介绍在 CSS 布局网页的基础上实现页面制作；第 10 章介绍 CSS 3 的 2D 和 3D 转换和动画效果；第 11 章以"电子产品购物网站首页实现"开发案例进行综合讲解。

　　本书由湖北商贸学院人工智能学院张星云、湖南应用技术学院信息工程学院彭进香、山东建筑大学计算机学院邢国波主编。具体编写分工如下：张星云负责第 2、7、8、10 章的编写；彭进香负责第 1、4、6 章的编写；邢国波负责第 3、5、9、11 章的编写。

　　由于编者水平有限，书中难免有疏漏、错误和欠妥之处，敬请广大读者与同行专家批评指正。

编　者

目　录

第1章   网页基础知识

本章要点

(1) HTML 基本概念；

(2) 认识 HTML 5；

(3) HTML 文档类型；

(4) HTML 基本元素。

学习目标

(1) 了解网页设计相关概念、专业术语；

(2) 掌握 HTML 文档类型；

(3) 了解网页设计工具；

(4) 掌握常用 HTML 标签的使用。

1.1   HTML 简介

相对于 HTML 这个稍具专业色彩的术语而言，"网页"是我们更为熟悉的事物。近年来，网页伴随着互联网的普及深入生活的方方面面。除了我们熟知的大型门户网站(如新浪、搜狐等)，在移动设备、各种应用软件中都能看到网页的身影。而隐藏于网页之后的 HTML技术，则深刻地影响着互联网时代经贸、科技、娱乐等各个领域的变革。

令人感到不可思议的是，具有如此大规模影响力的 HTML 技术，却被很多软件开发人员戏称为"世界上最简单的编程语言"，甚至并不认为 HTML 算一门编程语言。HTML 究竟是什么？我们还是要从一段历史谈起。与大多数编程语言一旦推出新版本，老版本就好像隐退的那种"长江后浪推前浪"的发展历程不同，HTML 的发展历程显得格外特殊、复杂，了解 HTML 发展的历史有助于我们选择最佳的方式进行 Web 设计。

1989 年，蒂姆·伯纳斯-李(Tim Berners-Lee)发明了万维网(World Wide Web)，并为其编写了第一套万维网服务器与客户端程序。1990 年 12 月，他完成了第一版的 HTML 规范，规定了超链接的使用，并定义了 URI、HTTP 等概念。HTML 因其简单、高效等特性，一经推出就迅速成为发布 Web 内容的主要格式。1994 年，为了更好地规范 HTML，Tim Berners-Lee 成立了 W3C 委员会(World Wide Web Consortium)，该委员会在 MIT(麻省理工学院)、ERCIM(欧洲数学与信息学研究机构)、日本庆应义熟大学的领导下致力于发展、完善各种网络技术规范，为软件开发人员所熟悉的 HTML、CSS、XML 等技术规范均出自W3C 组织。

然而遗憾的是，在相当长的一段时间内，W3C 并没有强势地维护其制定 HTML 标准的权力，导致 HTML 的发展经历了长时期混乱、恶性竞争的阶段。造成这种局面的起因史称"浏览器之争"。

在 Tim Berners-Lee 发明了 HTML 之后，他本人却无意开发图形界面的 HTML 浏览器，而大多数的计算机使用者并不擅长借助命令行程序浏览网页。来自伊利诺伊州立大学的学生马克·安德森抓住了这一机会，研发了图形界面的 Mosaic 浏览器，之后于 1994 年成立了网景公司，推出了 Navigator 浏览器，一年半后，Navigator 浏览器的用户达到了 6500 万人，Navigator 浏览器成为人们浏览网页的首选。

很快微软公司看到了浏览器软件所带来的商机，于是推出了 Internet Explorer 浏览器，并通过免费使用、与操作系统捆绑等商业手段占据了浏览器市场的半壁江山。在 Internet Explorer 与 Navigator 浏览器竞争的过程中，为了绑定 Web 开发人员，两者均在 W3C 制定的 HTML 标准上又推出了只能在自家浏览器上正常运行的新特性。这种竞争方式在之后的大大小小浏览器之争中频繁出现，造成了 Web 编程不统一，难以兼容各种浏览器的局面。

归纳起来，HTML 的发展历程如下。

◎ 超文本标记语言(第一版)——1993 年 6 月作为互联网工程工作小组(IETF)工作草案发布(并非标准)。

◎ HTML 2.0——1995 年 11 月作为 RFC 1866 发布，在 RFC 2854 于 2000 年 6 月发布之后被宣布已经过时。

◎ HTML 3.2——1996 年 1 月 14 日，W3C 推荐标准。

◎ HTML 4.0——1997 年 12 月 18 日，W3C 推荐标准。

◎ HTML 4.01(微小改进)——1999 年 12 月 24 日，W3C 推荐标准。

◎ ISO/IEC 15445:2000(ISO HTML)——2000 年 5 月 15 日发布，基于严格的 HTML 4.01 语法，是国际标准化组织和国际电工委员会的标准。

◎ XHTML 1.0——发布于 2000 年 1 月 26 日，是 W3C 推荐标准，后来经过修订于 2002 年 8 月 1 日重新发布。

◎ XHTML 1.1——于 2001 年 5 月 31 日发布。

◎ XHTML 2.0——XHTML 2.0 是完全模块化可定制的 XHTML，随着 HTML 5 的兴起，XHTML 2.0 工作小组被要求停止工作。2006 年，W3C 组织组建了新的 HTML 工作组，并于 2008 年发布了 HTML 5。

◎ HTML 5——2014 年 10 月 28 日，W3C 组织宣布经历 8 年努力，HTML 5 标准规范终于定稿。

由于各个浏览器之间的标准不统一，给网站开发人员带来了很大的麻烦。HTML 5 的出现即是为了解决这一问题，致力于将 Web 带入一个成熟的应用平台。很多人误认为 HTML 5 是指用 HTML 5+CSS+JavaScript 实现的综合网页效果，但实际上 HTML 5 仅仅是一套新的 HTML 标准，是对 HTML 及 XHTML 的继承与发展。HTML 5 是一个向下兼容的版本，本质上并不是什么新技术，只是在功能特性上变得丰富。

1.2 认识 Web 标准

我们在日常生活中会不经意地使用到标准。如，买灯泡时，我们知道要买螺旋式或卡口式灯泡，这样才会与家中的灯座配置匹配。标准保证了我们买的灯泡不会太大，也不会太宽。标准在我们身边：插头、电器的额定功率，以及我们使用的时间、距离、温度，等等。

Web 标准出自同样的道理。当浏览器制造商和 Web 开发人员都采用统一的标准时，编写浏览器专用标记的需求就减少了。通过使用结构良好的 HTML 对网页内容进行标记，并使用 CSS 来控制网页的呈现，我们便可设计出能在各种标准兼容浏览器中显示一致的 Web 网站，而不管是什么样的操作系统。重要的是，当同样的标记由基于文本的旧式浏览器或移动设备浏览器呈现时，其内容仍然是可访问的。Web 标准节约了 Web 设计者的时间，让他们坚信自己的杰作是可访问的，而不管用户使用的是哪种平台或浏览器。

Web 标准成立于 1998 年，Web 标准一直致力于跨不同浏览器的标准实现和基于标准的 Web 设计方法。其目标是降低 Web 开发的成本与复杂性，并通过使 Web 内容在不同设备和辅助技术之间更具一致性和兼容性，提高 Web 页面的可访问性。浏览器和工具开发商务必进行改进和协调，以支持 World Wide Web Consortium(万维网联盟，W3C)推荐的 Web 标准，参见如下"知识链接"模块。

知识链接：

W3C

W3C(World Wide Web Consortium)是万维网联盟的缩写，是制定网络标准的一个非营利组织，成立于 1994 年 10 月，其宗旨是通过促进通用协议的发展并确保其通用性，激发 Web 世界的潜能；研究 Web 规范和指导方针，致力于推动 Web 发展，保证各种 Web 技术能很好地协同工作。大约 500 名会员组织加入这个团体，它的主任 Tim Berners-Lee (http://www.w3.org/People/Berners-Lee/)在 1990 年发明了 Wcb。W3C 推行的主要规范有 HTML、CSS、XML、XHTML 和 DOM(Document Object Model)。

W3C 同时与其他标准化组织协同工作，比如 Internet 工程工作小组(Internet Engineering Task Force)、无线应用协议(WAP)以及 Unicode 联盟(Unicode Consortium)。

W3C 自成立以来，已发布了 100 多份技术规范，领导着 Web 技术向前发展。

1.3 HTML 的基本概念

1. 什么是 HTML

HTML 指的是超文本标记语言(Hyper Text Markup Language)。HTML 不是一种编程语言，而是一种标记语言(Markup Language)，是用于描述网页内容结构的语言。使用 HTML

可以：

◎ 发布包含标题、文本、表格、列表、图片的在线文档。

◎ 通过单击超链接进行网页间的跳转。

◎ 设计表单将用户输入的内容提交给服务器进行处理。

◎ 可以嵌入声音、视频等多媒体内容。

2. 什么是 HTTP

HTTP(Hypertext Transfer Protocol，超文本传输协议)是互联网上应用最广泛的一种网络协议，它规范了通过网络请求与接收 HTML 页面的方法。浏览网页时在浏览器地址栏中输入的 URL 前面都是以 http://开始的。HTTP 定义了信息如何被格式化、如何被传输，以及在各种命令下服务器和浏览器所采取的响应。

HTTP 将一次用户浏览网页的过程定义为一次客户端与服务器端的交互。客户端是终端用户，服务器端是网站。客户端通过使用 Web 浏览器或其他工具对服务器上指定的端口(默认为 80)发出 HTTP 请求；服务器则接收此 HTTP 请求，并将服务器上存储的一些资源(比如 HTML 文件和图像)通过 HTTP 响应发送给客户端。

3. 什么是浏览器

浏览器(Browser)是万维网(Web)服务的客户端浏览程序，可向万维网服务器发送各种请求，并对从服务器发来的超文本信息和各种多媒体数据格式进行解释、显示和播放。通常说的浏览器一般是指网页浏览器，除了网页浏览器之外，还有一些专用浏览器用于阅读特定格式的文件。

在互联网上浏览网页内容都离不开浏览器。浏览器实际上是一个软件程序，用于与 WWW 建立连接，并与之进行通信。它可以在 WWW 系统中根据链接确定信息资源的位置，并将用户感兴趣的信息资源取回来，对 HTML 文件进行解释，然后将文字图像或者将多媒体信息还原出来。下面介绍几种目前主流的网页浏览器。

(1) 微软公司提供的网页浏览器 IE(Internet Explorer)。IE 采用集成于操作系统的方式提供，当用户安装微软操作系统时，自动安装 IE，因此采用 Windows 操作系统的电脑不需要单独安装 IE，不过新版本的浏览器还需要另行下载安装。最近几年，随着竞争对手层出不穷，市场份额有所下降。IE 采用微软研发的 Trident 内核，很多浏览器(如遨游、搜狗浏览器等)均是在此内核基础上开发的。

(2) Firefox(火狐浏览器)是开源软件，完全免费，该软件有众多互联网高手为其提供技术支持，安全性能都非常有保障。用户可以方便地下载并加载各种各样的功能插件，大大丰富和扩展了火狐浏览器的功能，任何一款浏览器都无法与火狐相比。火狐浏览器的下载量据官方统计已经超过了 1 亿。

(3) Opera 浏览器是比较早的一款有影响力的浏览器。因为 IE 的垄断与压迫，支持者少。Opera 浏览器，是挪威 Opera Software ASA 公司制作的支持多页面标签式浏览的网络浏览器，是跨平台浏览器，可以在 Windows、Mac 和 Linux 三个操作系统平台上运行。Opera 浏览器创始于 1995 年 4 月。

(4) Google(谷歌)公司的 Chrome，是一个由 Google 公司开发的网页浏览器。该浏览器是基于其他开源软件所撰写的，包括 WebKit，目标是提升稳定性、速度和安全性，并创造出简单且有效率的使用者界面。软件的名称来自称作 Chrome 的网络浏览器图形使用者界面(GUI)。软件的 beta 测试版本在 2008 年 9 月 2 日发布，提供 50 种语言版本，有 Windows、Mac OS X、Linux、Android 以及 iOS 版本提供下载。2019 年 Chrome 已达全球桌面份额的 69.98%，成为全球使用最广的浏览器。

常见浏览器图标如图 1-1 所示。

图 1-1 常见浏览器图标

2019 年第一季度国内主流浏览器市场份额调查数据如图 1-2 所示。

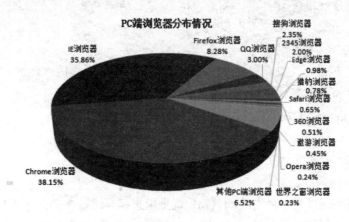

图 1-2 2019 年第一季度国内主流浏览器市场份额调查数据

知识链接:

浏览器大战

网页浏览器(简称浏览器)本身只是个显示网站服务器或互联网档案系统内的文件并让用户与这些文件互动的应用软件，但是基于它本身的意义所在成为互联网的入口，因此浏览器之间的"拼杀"和"大战"就不可避免了。

1. "三次浏览器大战"

第一次浏览器大战爆发于 1995—1998 年，微软通过捆绑操作系统来推广 IE，将当时占市场 90%的网景 Netscape 浏览器彻底击败。这次大战给微软留下三个隐患。

(1) 为对抗 Netscape，微软在 IE 里加入了很多非标准的专属标签，致使后来的 IE 6 成为开发者的噩梦，破坏了开放标准。

(2) 捆绑销售 IE 的做法被指垄断，受到反垄断的压制。

(3) 网景为吸引开发者开放源代码创造了 Mozilla，虽未能挽回 Netscape 的市场占有率，但是它衍生出了 Phoenix，即现在的 Firefox(火狐浏览器)。

由于第一次浏览器大战留下的隐患导致了 2005—2007 年的第二次浏览器大战。这次大战后，Firefox 在北美、欧洲等地区的占有率接近甚至超过 20%，微软全球范围内的份额也从 IE 6 高峰时的 96%先是下降到 85%，2007 年年末的时候稳定在 60%左右，不再是"唯一的浏览器"了。

第三次浏览器大战暂时还没有明确定义，大致于 2009 年开始至现在。先来回顾几个关键的节点。

(1) 2009 年 7 月，在欧盟反垄断的压力下，Windows 7 欧版将不再捆绑 IE，使用者可以自选浏览器。

(2) 2010 年 1 月，Firefox 在欧洲市场占有率超越 IE，首次突破微软独大的局面。

(3) 2011 年 12 月，Chrome 全球市场份额超越 Firefox，成为仅次于 IE 的全球第二大浏览器。

(4) 2012 年 3 月 18 日，Chrome 全球市场份额为 32.70%，而 IE 为 32.48%，Chrome 首次以微弱优势超过微软 IE。第二天后，IE 浏览器的浏览量回升至 35%，Chrome 浏览器的份额则下滑至 30%。

2. 未来之势

三次浏览器大战后，基本态势已经形成。除去在部分国家 IE、Firefox 和 Chrome 各自占优势外，这三大桌面浏览器在全球范围内目前有并驾齐驱之势。不过走势却不尽相同，除了 Chrome 依旧处于上升阶段外，IE 和 Firefox 都在缓慢下降。

1.4　HTML 文件类型

Web 页面(网页)也是一种文档，HTML 就是用来编写这些文档的一种标记语言，文档的结构和格式的定义是通过 HTML 元素来完成的，HTML 元素是由单个或一对标签定义的包含范围。一个标签就是左右分别有一个小于号(<)和大于号(>)的字符串。开始标签是指不以斜杠(/)开头的标签，其内是一串允许的属性/值对；结束标签则是以一个斜杠(/)开头的。HTML 元素的组成如图 1-3 所示。

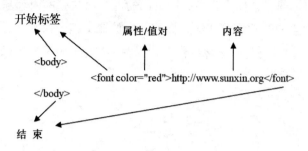

图 1-3　HTML 元素的组成

　　HTML 标记(markup)和标签并不是同义的。HTML 标记包括开始标签(tag)、结束标签、空元素标签、实体引用、字符引用、注释、文档类型声明等。学习 HTML 的重点就是掌握 HTML 元素及其属性的作用。

　　一个标准的 HTML 文件应该以<html>开始标签开始，中间包含<head>与<body>等元素，其中<head>部分可以定义页面的标题、简介、编码格式等内容，<body>部分为在浏览器中显示的页面正文。

　　1)　标记符

　　<html>标记符说明该文件是用 HTML 来描述的，它是文件的开头，而</html>则表示该文件的结尾，它们是 HTML 文件的开始标记和结尾标记。

　　2)　头部标记符

　　<head>和</head>这两个标记符分别表示头部信息的开始和结尾。头部包含的是页面的标题、序言、说明等内容，它本身不作为内容来显示，但影响网页显示的效果。头部中最常用的标记符是标题标记符，它用于定义网页的标题，它的内容显示在网页窗口的标题栏中，网页标题可被浏览器用作书签和收藏清单。

　　3)　正文标记符

　　网页中显示的实际内容均包含在<body>和</body>这两个正文标记符之间。正文标记符又称为实体标记符。

　　4)　文档标题

　　文档标题头部以<title>开始，以</title>结束。

　　下面的代码为一个不包含内容的标准 HTML 文档结构：

```
 <html>
<head>
</head>
 <body>
```

```
</body>
</html>
```

通过<title>元素可以指定页面的标题，标题会出现在浏览器的标题栏中，如果通过浏览器收藏本页面，页面标题也会作为收藏夹中页面的内容。文档的内容是通过<body>元素来指定的，在<body>元素的开始标签和结束标签之间放置文档的内容。如果需要在页面上添加注释，可以使用符号<!--和-->包含注释内容。例 1-1 是一段设置了标题和内容的 HTML 文件代码。

【例 1-1】标题 title 的设置。

```
<html>
<head>
<meta http-equiv="Content-Type" content="text/html; charset=utf-8" />
<title>页面标题</title>
</head>
<body>
    <!--这是一段注释-->
    这是在 HTML 中显示的文本。
    注意：浏览器遇到连续的空格或换行时只会在页面上显示一个空格
</body>
</html>
```

结果如图 1-4 所示。

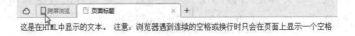

图 1-4 例 1-1 在浏览器中显示的效果

如果显示的文本中包含一些特殊字符(比如可能会与标记符号冲突的<和>符号)，需要通过字符引用的方式才能输入。

在 HTML 中有两种字符引用类型：字符引用和实体引用。字符引用和实体引用都是以一个和号(&)开始并以一个分号(;)结束。如果使用的是字符引用，需要在和号(&)之后加上一个#号(#)，之后是所需字符的十进制代码或十六进制代码(ISO 10464 字符集中字符的编码)。如果使用的是实体引用，在和号(&)之后写上字符的助记符。常用特殊字符的字符引用和实体引用如表 1-1 所示。

表 1-1 常用特殊字符的字符引用和实体引用

引用字符	字符引用 (十进制代码)	字符引用 (十六进制代码)	实体引用	描　述
"	&#34;	&#x22;	&quot;	双引号
&	&#38;	&#x26;	&amp;	和号

续表

引用字符	字符引用 (十进制代码)	字符引用 (十六进制代码)	实体引用	描　述
<	&#60;	&#x3c;	&lt;	小于号
>	&#62;	&#x3e;	&gt;	大于号
				不间断空格
©	&#169;	&#xa9;	&copy;	版权符号
®	&#174;	&#xae;	&reg;	注册商标

使用字符引用的显示如例 1-2 所示。

【例 1-2】设置特殊字符效果。

```
<html>
<head>
<title>页面标题</title>
</head>
    <body>
    HTML 中标题元素为&lt;title&gt;
    所有的转义字符都以&amp;符号作为开始
    </body>
    </html>
```

结果如图 1-5 所示。

图 1-5　例 1-2 在浏览器中显示的效果

1.5　HTML 5 概述

1.5.1　了解 HTML 5

HTML 5 和 CSS 3 是新一代 Web 技术的标准，致力于构建一套更加强大的 Web 应用开发平台，以提高 Web 应用开发的效率。

HTML 5 的第一份正式草案于 2008 年 1 月 22 日公布。目前，HTML 5 仍处于不断完善之中。

2012 年 12 月 17 日，W3C 宣布凝结了大量网络工作者心血的 HTML 5 规范正式定稿。W3C 的发言稿称"HTML 5 是开发 Web 网络平台的奠基石"。

2013 年 5 月 6 日，HTML 5.1 正式草案公布，该规范第一次要修订万维网的核心语言——HTML。在这个版本中，新功能不断推出，以帮助 Web 应用程序的作者努力提高新元素的互操作性。

2014 年 10 月 29 日，W3C 宣布，经过近 8 年的艰苦努力，HTML 5 标准规范终于制定完成了，并已公开发布。

目前，各主流浏览器都能很好地支持 HTML 5，包括 Firefox(火狐浏览器)、IE 9 及其更高版本、Chrome(谷歌浏览器)、Safari、Opera 等；国内的 Maxthon(遨游浏览器)以及基于 IE 或 Chromium(Chrome 的实验版)所推出的 360 浏览器、搜狗浏览器、QQ 浏览器、猎豹浏览器等国产浏览器同样具备支持 HTML 5 的能力。

1.5.2　HTML 5 的新功能

从 HTML 4、XHTML 到 HTML 5，从某种意义上讲，这是 HTML 描述性标记语言的一种更加规范的过程。因此，HTML 5 并没有给开发者带来多大的冲击，但 HTML 5 增加了很多非常实用的新功能和新特性。下面具体介绍 HTML 5 的一些新功能。

1. 解决了跨浏览器问题

在 HTML 5 之前，各大浏览器厂商为了争夺市场份额，会在各自的浏览器中增加各种各样的功能，并且不具有统一的标准；使用不同的浏览器，常常看到不同的页面效果。在 HTML 5 中，纳入了所有合理的扩展功能，具备良好的跨平台性能。针对不支持新标签的老式 IE 浏览器，只需简单地添加 JavaScript 代码就可以使用新的元素。

2. 新的文档类型 DOCTYPE 和字符集

根据 HTML 5 的设计准则，Web 页面的 DOCTYPE 被极大地简化了。XHTML 中的 DOCTYPE 代码如下：

```
<!DOCTYPE html PUBLIC "-//W3C//DTD XHTML 1.0 Transitional//EN"
"http://www.w3.org/TR/xhtml1/DTD/xhtml1-transitional.dtd">
```

HTML 5 中的 DOCTYPE 代码如下：

```
<!doctype html>
```

同样，在 HTML 5 中，字符集的声明也被简化了许多。XHTML 的字符集声明如下：

```
<meta http-equiv="Content-Type" content="text/html; charset=utf-8" />
```

HTML 5 中的字符集声明如下：

```
<meta charset="utf-8">
```

3. 脚本和链接省去了 type 属性

在 HTML 4 或 XHTML 中，添加 CSS 或 JavaScript 文件时，代码中需有 type 属性。

例如：

```
<link rel="stylesheet" type="text/css" href="style.css">
<script type="text/javascript" src="myjs.js"></script>
```

在 HTML 5 中不再需要指定类型属性，因此，代码可以简化如下：

```
<link rel="stylesheet" href="style.css">
<script src="myjs.js"></script>
```

4．语义化标记

在 HTML 5 之前，Web 前端开发者使用 div 来布局网页，但 div 没有实际意义，即使通过添加 class 和 id 的方式表达这块内容的意义，标记本身也没有含义，只是提供给浏览器的指令。HTML 5 则为页面章节定义了含义，也就是语义化元素。虽然对 Web 前端开发者来说，这些语义化元素与普通的 div 元素没有任何区别，但却为浏览器提供了语义的支持，使得浏览器对 HTML 的解析更智能和快捷。

Google 分析了上百万的页面，从中分析出了 div 标签的通用 ID 名称，并且发现其重复量很大，例如很多开发人员使用<div id="header">来标记页眉区域。所以 HTML 5 就添加了<header>标记来定义页眉内容。

5．支持现有内容

HTML 5 是向后兼容的。它包含 HTML 4 规范的全部特性，进行了少量修改和完善。它还包含很多用于创建动态 Web 应用程序以及创建更高质量的标记所需的附件素材。

为了兼容各个浏览器，HTML 5 采用宽松的语法格式，在设计和语法方面做了一些改变，具体如下。

◎　标签不区分大小写。

◎　允许属性值不使用引号。

◎　标签可以不用关闭。

HTML 5 同时允许这些写法，对于那些写了很多年 XHTML 1.0 代码，已经非常适应严格语法的开发人员来说，这是难以适应的。但站在浏览器的角度，这些写法实际上是一样的，肯定没有什么问题。HTML 5 具有比 XHTML 1.0 宽松得多的语法限制。HTML 5 允许 Web 页面使用 HTML 4.01 或 XHTML 1.0 语法进行标记，无论使用哪一种语法，HTML 5 都能对其进行包容。

我们建议采用比较严格的 XHTML 语法。因为规则是有用的，它们能够协同工作，让大家遵照一种标准化语法。规则也使标记易于学习。

1.5.3　HTML 5 的新特性

HTML 从 1.0 到 5.0 经历了巨大的变化，从单一的文本显示功能到图文并茂的多媒体显示功能，许多特性经过多年的完善，已经发展成为一种非常重要的标记语言。

1．新增的与结构相关的元素

(1) 在 HTML 5 之前，与页面结构相关的元素主要使用 DIV+CSS 进行页面布局，而 HTML 5 中，可以直接使用各种主体结构元素进行布局。这些元素包括如下几种。

① <section>：表示页面的一个内容区域。

② <article>：表示页面的一块独立内容。

③ <aside>：表示页面上<article>元素之外的，但是与<article>相关的辅助信息。

④ <nav>：表示页面中的导航部分。

(2) 除此之外，还新增了一些非主体结构元素。主要包括如下几种。

① <header>：表示页面中的一个内容区域或整个页面的标题。

② <hgroup>：对整个页面或页面中<section>的<header>进行组合。

③ <footer>：整个页面或页面中<section>的页脚。

④ <figure>：表示一段独立的文档流内容。

⑤ <figcaption>：<figure>元素的标题。

2．新增的与结构无关的元素

新增的与结构无关的元素主要用于定义音视频、进度条、时间、注释等。下面列举几个常用的。

(1) <video>：用于定义视频。

(2) <audio>：用于定义音频。

(3) <canvas>：表示画布，再利用脚本在上面绘制图形等。

(4) <menu>：表示菜单列表。

(5) <time>：用于表示日期、时间。

3．新增的表单元素类型

(1) <email>：表示必须输入 E-mail 地址的文本输入框。

(2) <url>：表示必须输入 URL 地址的文本输入框。

(3) <number>：表示必须输入数值的文本输入框。

(4) <range>：表示必须输入一定范围内数字的文本输入框。

1.5.4　HTML 5 的新增属性

1．新增的表单相关属性

表 1-2 列出了新增的与表单相关的属性。

表 1-2　新增的与表单相关的属性

属　性	标　记	描　述
placeholder	input(type=text)、textarea	对用户的输入进行提示
form	input、output、select、textarea、button、fieldset	声明属于哪个表单，这样可以将其放在任何位置，而不是必须放在表单内
required	input(type=text)、textarea	用户提交时，检查元素内必须输入内容
autofocus	input(type=text)、select、textarea、button	打开时自动获得焦点
list	datalist、input	定义选项列表，与 input 配合使用
formaction	input、button	覆盖 form 元素的 action 属性
formenctype	input、button	覆盖 form 元素的 enctype 属性
formmethod	input、button	覆盖 form 元素的 method 属性
formtarget	input、button	覆盖 form 元素的 target 属性

2．新增的链接相关属性

新增的链接相关属性具体如下。

(1) 为<a>、<area>元素新增了 media 属性，该属性用于规定目标 URL 是为特殊设备(如 iPhone)、语音或打印媒介设计的。可以接受多值，但只能结合 href 属性一起使用。

(2) 为<area>元素增加了 hreflang 和 rel 属性。hreflang 属性规定了在目标文档中文本的语言，属于纯咨询性的，需要与 href 属性一起使用；rel 属性规定了当前文档和目标文档之间的关系，也需要与 href 属性一起使用。

(3) 为<link>元素新增了 size 属性，该属性规定了目标资源的尺寸，只有被链接资源是图标时(rel="icon")，才能使用该属性。可接受多值，多值之间由空格分隔。

(4) 为<base>元素增加了 target 属性，主要是为了与<a>元素保持一致。

3．新增的其他属性

新增的其他属性具体如下。

(1) <ol>元素增加了 reversed 属性，用于指定列表倒序显示。

(2) <menu>元素增加了 type 和 label 属性。label 属性为菜单定义一个可见的标注，type 属性可以让菜单以上下文菜单、工具条与列表菜单三种形式出现。

(3) <style>元素增加了 scoped 属性，可以为文档的指定部分定义样式。

(4) <meta>元素增加了 charset 属性。

(5) <html>元素增加了 manifest 属性，开发离线 Web 应用程序时，该属性与 API 结合使用。

(6) 为<iframe>增加了 sandbox、seamless 和 srcdoc 三个属性，用来提高页面安全性。

1.6 HTML 编辑器介绍

可以通过多种编辑器开发 HTML 页面，下面介绍一些常见的 HTML 编辑器。

◎ FrontPage：微软公司提供的老一代静态网页设计工具，现在已经停止更新。

◎ Dreamweaver：原为 Macromedia 公司的老牌网页设计工具，于 2005 年被 Adobe 公司收购，是目前最流行的 HTML 开发工具之一。最新版的 Dreamweaver 支持实时预览、跨浏览器兼容、CSS 检查等高级功能。

◎ Expression Web：微软公司提供的 FrontPage 替代工具，可以通过可视化的方式快速开发符合 Web 标准的 HTML 页面，并且支持与后台服务的集成开发。

下面以 Dreamweaver CS6 中文版为例，学习如何通过编辑器快速开发 HTML 页面。

(1) 启动 Dreamweaver CS6 后会出现欢迎界面，此时选择"文件"→"新建"命令，弹出如图 1-6 所示的对话框。

图 1-6 "新建文档"对话框(1)

一个网页对应于一个 HTML 文件，HTML 文件以.htm 或.html 为扩展名。可以使用任何能够生成 TXT 类型源文件的文本编辑器来产生 HTML 文件。标准的 HTML 文件都具有一个基本的整体结构，即 HTML 文件的开头与结尾标志和 HTML 的头部与实体两大部分。有 3 个双标记符用于页面整体结构的确认。

(2) 在"文档类型"下拉列表中选择"无"，然后单击"创建"按钮，Dreamweaver CS 6 就会创建一个包含标准结构的 HTML 网页，并以默认视图打开，如图 1-7 所示。

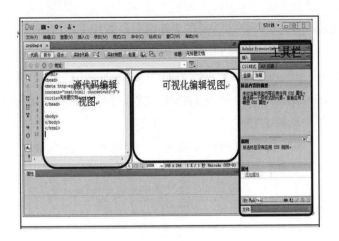

图 1-7　网页编辑界面

注意

  Dreamweaver 生成的代码中包含元素"<meta http-equiv="Content-Type" content="text/html; charset=utf-8">"，此元素用来指定页面中字符的编码格式。编码格式会影响页面的文本。常见的网页编码有 UTF-8、GB 2312、GBK、BIG5、ISO 8859-1 等，其中 GB 2312 和 GBK 均为简体中文的编码，BIG5 为繁体中文编码，ISO 8859-1 为英文编码，而 UTF-8 编码为比较通用的字符集，可以容纳世界上大多数的语言文字，使用 UTF-8 作为网页的编码格式可以让网页具有较高的通用性。有时我们在浏览网页时会发现网页显示为乱码，多数是因为编码格式设置不正确引起的。

  网页创建成功后，既可以在源代码视图中直接编辑代码，也可以在可视化视图中通过更简单的方式编辑网页内容(注意：在学习 HTML 的初期，为尽快熟悉 HTML 标记，应尽量使用源代码视图编辑代码)。

  (3) 当页面编辑完成后，可以通过单击"预览"按钮在浏览器中查看效果，如图 1-8 所示。

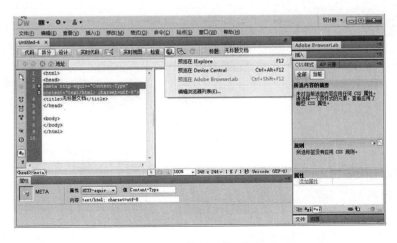

图 1-8　设置预览页面

每次预览时 Dreamweaver 会自动保存文件内容，首次预览时会提示输入文件名，请注意 HTML 文件的扩展名应为.htm 或.html。

下面使用 Dreamweaver CS 6 制作一个符合 W3C 标准的 HTML 5 网页，具体操作如下。

(1) 启动 Dreamweaver CS6，新建 HTML 文档，打开如图 1-9 所示的对话框，在"文档类型"下拉列表框中选择 HTML 5。

图 1-9   "新建文档"对话框(2)

(2) 创建新的 HTML 文档，单击文档工具栏中的"代码"按钮，切换至代码状态。HTML 基本代码的结构如图 1-10 所示。

(3) 修改 HTML 文档标题，将<title>标记中的内容修改为"第一个 HTML 5 文档"。

(4) 在网页主体中添加内容，即在<body>标记中编写代码如下：

```
<h1>html5 的基本结构</h1>
<p>一个完整的 HTML 文档包括标题、段落、列表、表格及各种嵌入对象，这些统称为 HTML 元素，HTML 用标记来分隔并描述这些元素。所以，HTML 文档就是由各种 HTML 元素和标记组成的。</p>
```

(5) 保存网页，在 IE 10 中预览，效果如图 1-11 所示。

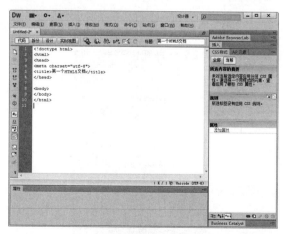

图 1-10   新建 HTML 5 文档

图 1-11   网页预览效果

1.7 基本元素介绍

HTML 中包含很多元素，本章将详细介绍部分元素，其他元素仅做罗列，具体用法会在后续章节中介绍。

1. 页面信息元素<meta>

页面信息元素可提供有关页面的元信息(Meta-Information)，比如针对搜索引擎提供的页面描述和关键词、指定页面编码等。该元素应该出现在<head>标记的内部。

页面信息元素常用属性如下。

(1) http-equiv：设置本页面有关的信息，需要与 content 属性配合使用。常见的设置如下。

指定页面的文本编码格式：

```
<meta http-equiv="Content-Type" content="text/html; charset=UTF-8">
```

页面显示 5 秒钟后浏览器跳转到 www.google.com 页面：

```
<meta http-equiv="Refresh" content="5; Url=http://www.google.com">
```

浏览器可以缓存本页面直至 2011 年 2 月 23 日 18 点，超过此时间后浏览器必须重新从服务器上取得此网页内容：

```
<meta http-equiv="Expires" content="Wed, 23 Feb 2011 18:00:00 GMT">
```

(2) name：描述网页内容，供搜索引擎收录；需要与 content 属性配合使用。常见的设置如下。

设置本网页的关键词，多个关键词用英文逗号分隔。为网页提供合适的关键词有利于提高网页在搜索引擎中的排名：

```
<meta name="Keywords" content="关键词1,关键词2,关键词3,关键词4,…">
```

设置本网页的简述，告诉搜索引擎本网页的主要内容：

```
<meta name="Description" content="网页简述">
```

设置本网页的作者，可以是个人或公司名称：

```
<meta name="Author" content="张三">
```

2. 段落元素<p>

段落元素用来表示一段文本，该元素会自动进行换行。

【例 1-3】段落 p 标签的使用。

```
<p>普通段落</p>
```

```
<p align="left">左对齐段落</p>
<p align="center">居中段落</p>
<p align="right">右对齐段落</p>
```

运行结果如图 1-12 所示。

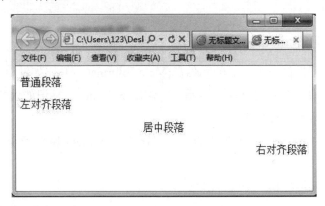

图 1-12　页面浏览效果

其中，align 属性用于设置文字对齐方式，可选值有 left、center、right，默认为左对齐。

3．换行元素\

换行元素用于同一段落内文字的换行显示，该元素没有属性，也不包含内容。

【例 1-4】换行标签 br 的使用。

```
<p>
    &lt;br&gt;元素可用于段落中文字的换行<br/>
    因为浏览器对 HTML 中的换行符并不敏感，
    所以这段话在浏览器中会连续显示
</p>
<p>段落间的留白比&lt;br&gt;元素更明显</p>
```

运行结果如图 1-13 所示。

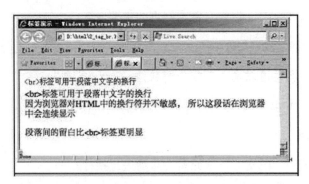

图 1-13　运行结果(1)

4. 标题元素<h1>~<h6>

标题元素用于将文字变为标题显示，如例 1-5 所示。

【**例 1-5**】标题标签的使用。

```
<h1>一级标题</h1>
<h2>二级标题</h2>
<h3>三级标题</h3>
<h4>四级标题</h4>
<h5>五级标题</h5>
<h6>六级标题</h6>
```

运行结果如图 1-14 所示。

图 1-14　运行结果(2)

5. 文字修饰元素<font>

<font>元素用于修饰文字的颜色、大小和字体，如例 1-6 所示。

【**例 1-6**】　设置字体标签。

```
<p>&lt;font&gt;元素可以修饰文字的<font color="gray">颜色</font>,
  <font size="5">大小</font>和<font face="黑体">字体</font>
 </p><p>也可以<font color="#B0B0B0" size="6" face="黑体">组合</font>使用
</p>
```

运行结果如图 1-15 所示。

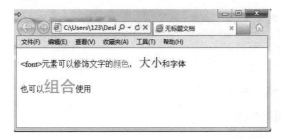

图 1-15　运行结果(3)

<font>元素常用属性如下。

color：设置文字的颜色，颜色可以使用英文单词或十六进制的数字指定。

size：设置文字的大小，可选值为 1～7。

face：设置文字的字体。

6. 原样显示元素<pre>

原样显示元素用于原样显示文本，包括其中的换行符与连续的空格，如例 1-7 所示。

【例 1-7】pre 标签的使用。

```
<pre>
用于原样显示文本，
包含换行符


</pre>
<pre>以及连续的        空格。
</pre>
```

运行结果如图 1-16 所示。

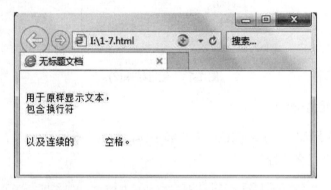

图 1-16　运行结果(4)

7. 分割线元素<hr>

分割线元素用于显示分割线，可以通过属性设置分割线的外观，如例 1-8 所示。

【例 1-8】水平线标签。

```
<p>&lt;hr&gt;元素用于显示分割线</p>
<hr color="red" noshade="noshade" width="400px" align="right" size="1"/
>
```

运行结果如图 1-17 所示。

分割线元素常用属性如下。

(1)　color：设置分割线的颜色。

(2)　noshade：设置是否显示阴影，无此属性则显示阴影。

(3) width：设置线的宽度，可以使用百分比或像素作为单位。

(4) align：分割线的对齐方式，可选值有 left、center 和 right，默认为居中对齐。

(5) size：线的粗细，单位为像素。

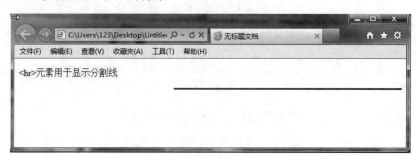

图 1-17　运行结果(5)

1.8　HTML 5 语义化结构性元素

在 HTML 5 之前，可选的标记在一定程度上是有限的，网页开发者会使用大量的 div 元素或 table 元素来布局页面整体结构，但它仍然只是一个用于流式内容的一般性容器，需要通过 class 或 id 来体现内容块的意义。而在 HTML 5 中，使用新的结构元素就可以达到同样的效果。在编排文档结构大纲时，也可以使用标题元素(h1～h6)来展示各个级别的内容区块标题。表 1-3 列出了几个与 HTML 5 新元素密切映射的语义指示符。

表 1-3　流行的 class 名称及其相近的 HTML 5 等效元素

class 名称	HTML 5 元素
footer	<footer>
menu	<menu>
title、header、top	<header>
small、copyright、smalltext	<small>
text、content、main、body	<article>
nav	<nav>
search	<input type="search">
date	<time>

1.8.1　新增的主体结构元素

在 HTML 5 中，为了使文档结构更加清晰明确，新增了几个与页眉、页脚、内容区块等文档结构相关的结构元素。

1．section 元素

section 元素用于定义网页或应用程序中的节(或"片段""部分"等)，可以对页面上的内容进行分块。它与 div 元素类似，也是一种一般性容器。section 元素通常由内容及其标题 (h1~h6、hgroup)组成。

例如：

```
<section>
  <h1>...</h1>
  <p>...</p>
</section>
```

不同区块既可以使用相同级别的标题，也可以单独设计。

如果没有标题，或者当一个容器需要被直接定义样式或通过脚本定义行为时，推荐使用 div 而非 section 元素。

【例 1-9】section 元素的使用。代码如下：

```
<body>
  <section>
    <h1>WWF</h1>
    <p>The World Wide Fund for Nature (WWF) is an international organization
working on issues regarding the conservation, research and restoration of
the environment, formerly named the World Wildlife Fund. WWF was founded
in 1961.</p>
  </section>
  <section>
    <h1>WWF's Panda symbol</h1>
    <p>The Panda has become the symbol of WWF. The well-known panda logo of
WWF originated from a panda named Chi Chi that was transferred from the Beijing
Zoo to the London Zoo in the same year of the establishment of WWF.</p>
  </section>
</body>
```

运行结果如图 1-18 所示。

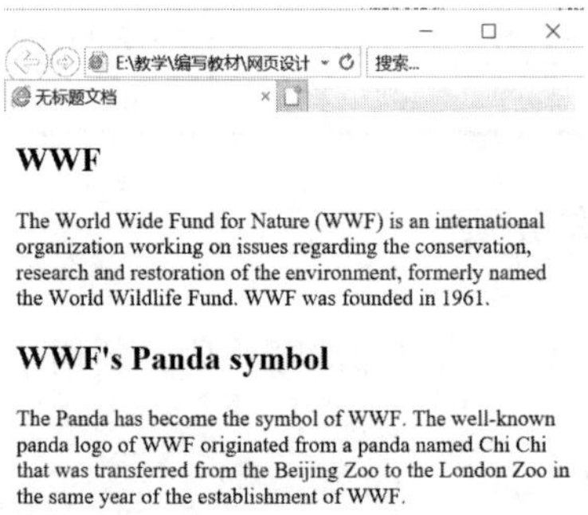

图 1-18　使用 section 元素

①不要将 section 元素用作设置样式的页面容器，而应该使用 div 元素；②没有标题的内容区块不要使用 section 元素；③如果 article 元素、aside 元素或 nav 元素符合使用条件，就不要使用 section 元素。

2. article 元素

article 元素是一种特殊的 section，是页面或应用程序中独立的、完整的、可以独自被外部引用的内容。section 元素主要强调分段或分块属于内容的部分，而 article 元素则主要强调其完整性。article 元素可以是一篇博客或报刊中的文章、一篇论坛帖子、一段用户评论或独立的插件，或其他任何独立的内容。article 元素通常有自己的标题(一般放在 header 元素中)，甚至有自己的页脚。例如：

```
<article>
<header>
<h2>标题</h2>
<p>发布日期: <time pubdate="pubdate">...</time></p>
</header>
  <p>内容...</p>
<footer>
<p>版权所有</p>
</footer>
</article>
```

【例 1-10】article 元素的使用。代码如下：

```
<body>
<article>
<header>
<h1>积分支付上线啦！</h1>
<time pubdate="pubdate">2017 年 1 月 1 日 09:15</time>
</header>
<p>不知道积分怎么用？还在为喜欢的宝贝不能包邮左右纠结吗？</p>
<p>即日起，积分抵现功能上线啦，积分可以抵现金，还可以直接抵付邮费哦～</p>
<footer>咨询/投诉电话: 400-100-000</footer>
</article>
</body>
```

运行结果如图 1-19 所示。

积分支付上线啦!

2017年1月1日 09:15

不知道积分怎么用?还在为喜欢的宝贝不能包邮左右纠结吗?

即日起,积分抵现功能上线啦,积分可以抵现金,还可以直接抵付邮费哦~

咨询/投诉电话:400-100-000

图 1-19 使用 article 元素

article 元素和 section 元素都是 HTML 5 新增的元素,功能与 div 元素类似,都是用来区分不同区域的,它们的使用方法也相似,初学者容易将其混用。下面总结二者的区别。

(1) article 元素是一段独立的内容,通常包含头部(header 元素)和尾部(footer 元素)。

(2) section 元素用于对页面中的内容进行分块处理,需要包含<hn>不同的元素,不包含 header 元素和 footer 元素。相邻的 section 元素的内容是相关的,而不是像 article 那样独立。所以,article 元素更强调独立性、完整性;section 元素更强调相关性。

既然 article 和 section 是用来划分区域的,是否可以取代 div 元素来布局网页呢?答案是否定的。在 HTML 5 出现之前,只有 div、span 用来划分区域,习惯性地把 div 当成一个容器。而 HTML 5 改变了这种用法,让 div 的作用更纯正,即用 div 布局大块,在不同的内容块中,按照需求添加 article、section 等内容块,这样才能合理地使用这些元素。

3. nav 元素

nav 元素是一个可以用来进行页面导航的链接组,其中,导航元素链接到其他页面或当前页面的其他部分。并不是所有的链接组都要放进 nav 元素中,只需要将主要的、基本的链接组放进 nav 元素即可。例如,在页脚中通常会有一组链接,包括服务条款、版权声明、联系方式等,一般放在 footer 元素里比较好。

一个页面中可以有多个 nav 元素,作为页面整体或不同部分的导航。具体地说,nav 适合用在以下场合。

(1) 传统导航条。现在主流网站上都有不同层级的导航条,其作用是将当前页面跳转到网站的其他页面上去。

(2) 侧边栏导航。很多网站上都有侧边栏导航,其作用是将页面从当前文章或当前商品跳转到其他文章或其他商品页面上。

(3) 页内导航。页内导航的作用,是在本页面几个主要的组成部分之间进行跳转。

(4) 翻页操作。是指在多个页面的前后页或博客网站的前后篇文章间跳转。

但普遍认为,一个页面最好只有一个 nav 元素,用来标记最重要的导航条(一般是网站的导航条)。这样可以让搜索引擎快速定位，避免误导。nav 元素通常配合 ul 或 ol 列表标记一起使用。

> **注意**
>
> 不要用 menu 元素代替 nav 元素。menu 元素是用在一系列发出命令的菜单上的，是一种交互性的元素，是使用在 Web 应用程序中的。

【例 1-11】nav 元素的使用。代码如下：

```html
<body>
 <nav>
  <a href="/html/">首页</a> |
  <a href="/html/">HTML</a> |
  <a href="/css/">CSS</a> |
  <a href="/js/">JavaScript</a> |
  <a href="/jquery/">jQuery</a>
 </nav>
</body>
```

运行结果如图 1-20 所示。

图 1-20　使用 nav 元素

4．aside 元素

aside 元素用来表示当前页面或文章的附属信息部分，一般包含与当前页面或主要内容相关的引用、侧边栏、广告、导航条，以及其他有别于主要内容的部分。aside 元素主要有以下两种使用方法。

(1) 作为主要内容的附属信息部分，其中的内容可以是与当前文章有关的参考资料、名词解释等。

(2) 在 article 元素之外使用，作为页面或站点全局的附属信息部分。最典型的形式是侧边栏，其中的内容可以是友情链接、博客中的其他文章列表、广告单元等。这样，侧边栏就具有导航作用，可以嵌套一个 nav 元素。

【例 1-12】aside 元素的使用。代码如下：

```html
<body>
<article>
```

```
<header>
<h3>HTML5 简介</h3>
</header>
<h3>了解 HTML5</h3>
<p>HTML5 将成为 HTML、XHTML 以及 HTML DOM 的新标准。</p>
<h3>HTML5 新特征</h3>
<p>用于绘画的 canvas 元素</p>
<p>用于媒介回放的 video 和 audio 元素</p>
<aside>
<h3>参考资料</h3>
<p>HTML5 开发手册</p>
</aside>
</article>
</body>
```

运行结果如图 1-21 所示。例 1-12 中 aside 元素放在 article 元素内部，因此引擎将该 aside 元素的内容理解成是与 article 元素内容相关联的。

图 1-21　使用 aside 元素

1.8.2　新增的非主体结构元素

在 HTML 5 中，还增加了非主体结构元素，用来表示逻辑结构或附加信息。

1. header 元素

header 元素用于定义页眉，是一种具有引导和导航作用的结构元素，可以放置整个页面或页面内的一个区块的标题，也可以包含其他内容，如 Logo、搜索表单等。例如：

```
<header>
<h1>网页标题</h1>
</header>
```

2．hgroup 元素

hgroup 元素用于对 header 元素标题及其子标题进行分组，通常与 h1～h6 元素组合使用，如果只有一个主标题，则不需要 hgroup 元素。可以使用 hgroup 元素把主标题、副标题和标题说明进行分组，以便搜索引擎更容易识别标题块。例如：

```
<header>
<hgroup>
<h1>主标题</h1>
<h2>副标题</h2>
</hgroup>
</header>
```

3．footer 元素

footer 元素用于定义内容块的脚注，如在页面中添加版权信息等，或在内容块中添加注释。脚注信息可以有很多形式，如创作者的姓名信息、创建日期、相关链接及版权信息等。与 header 元素一样，页面中可以重复使用 footer 元素。例如：

```
<footer>
<ul>
<li><a href="#">版权信息</a></li>
<li><a href="#">网站地图</a></li>
<li><a href="#">联系方式</a></li>
</ul>
</footer>
```

4．address 元素

address 元素用于定义文档中的联系信息，包括文档作者或拥有者的姓名、电子邮箱、联系电话、网站等。通常情况下，address 元素应该添加到网页的头部或尾部。例如：

```
<footer>
<address>
<p>文章作者：Tom</p>
<p>发表时间：<time datetime="2016-12-12">2016 年 12 月 12 日</time></p>
</address>
</footer>
```

1.9　HTML 的有关约定

在编辑 HTML 文件和使用有关标记符时有一些约定或默认的要求，具体如下。

(1)　文本标记语言源程序的文件扩展名默认使用.htm 或.html。在使用文本编辑器时，注意修改扩展名。常用的图像文件的扩展名为.gif 和.jpg。

(2)　HTML 源程序为文本文件，其列宽可不受限制，即多个标记可写成一行，甚至整个文件可写成一行；若写成多行，浏览器一般忽略文件中的回车符(标记指定除外)；对文件中的空格通常也不按源程序中的效果显示。完整的空格可使用特殊符号" "(注意此字母必须小写，方可空格)表示非换行空格，如需换行可以输入
；表示文件路径时使用符号"/"分隔，文件名及路径描述可用双引号也可不用引号括起。

(3)　标记符中的标记元素用尖括号括起来，如<" ">，带斜杠的元素表示该标记说明结束；大多数标记符必须成对使用，以表示作用的起始和结束；标记元素忽略大小写，即其作用相同，但完整的空格可使用特殊符号" "(注意此字母必须小写，不可空格)；许多标记元素具有属性说明，可用参数对元素作进一步的限定，多个参数或属性项说明次序不限，其间用空格分隔即可；一个标记元素的内容可以写成多行。

(4)　标记符号，包括尖括号、标记元素、属性项等必须使用半角的西文字符，而不能使用全角字符。

(5)　HTML 注释由惊叹号表示，注释内容由-->结束。注释内容可插入文本中任何位置。任何标记若在其最前面插入惊叹号，即被标识为注释，不予显示。

1.10　代　码　规　范

很多 Web 开发人员对 HTML 的代码规范知之甚少。2000 年至 2010 年，许多 Web 开发人员从 HTML 转换到 XHTML，使用 XHTML 的开发人员逐渐形成了比较好的 HTML 编写规范。针对 HTML 5，我们应该形成比较好的代码规范。以下提供了几种规范的建议。

(1)　所有的标记都必须有一个相应的结束标记(如：<body>　</body>、
)。

(2)　所有标签的元素和属性的名字都必须使用小写(与 HTML 不一样，XHTML 对大小写是敏感的)。混合了大小写的风格是非常糟糕的，开发人员通常使用小写 (类似 XHTML)，小写字母容易编写。

(3)　所有的 XML 标记都必须合理嵌套，一层一层的嵌套必须是严格对称的，不能交叉(html 规范可以交叉)。

(4)　所有的属性须用引号" "括起来(在 HTML 中，可以不用给属性值加引号)。特殊情况下，XHTML 我们需要在属性值里使用双引号，以免引发不必要的问题。

(5)　所有<和&等特殊符号需用编码表示：

任何小于号(<)，不是标签的一部分的，都必须被编码为&lt；

任何大于号(>)，不是标签的一部分的，都必须被编码为&gt；

任何与号(&)，不是实体的一部分的，都必须被编码为&amp。

注：以上字符之间无空格。

(6) 给所有属性赋一个值。

XHTML 规定所有属性都必须有一个值，没有值的就重复本身。

(7) 不要在注释内容中使用--。

--只能出现在 XHTML 注释的开头和结束，也就是说，在内容中它们不再有效。例如下面的代码是无效的：

```
<!--此次是一注释-->
```

(8) 请在书写代码的时候尽量使用缩进形式表明层次关系。

习　　题

一、简答题

1. 使用 Web 标准的好处有哪些？

2. HTML 及 CSS 技术在网页设计中的作用分别是什么？

二、上机题

1. 请综合应用本章所讲的 HTML 元素完成图 1-22 所示的页面效果。

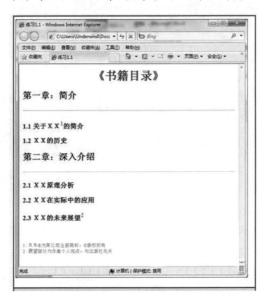

图 1-22　页面效果(1)

2. 请应用各种文本元素完成图 1-23 所示的页面效果。

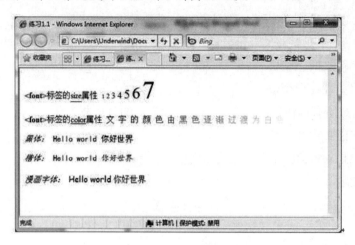

图 1-23　页面效果(2)

第 2 章　超链接及 HTML 5 媒体元素

本章要点

(1) 超链接的创建;

(2) 锚点链接的创建;

(3) 图片创建;

(4) 热点;

(5) 视频元素创建;

(6) 音频元素创建。

学习目标

(1) 理解路径的概念;

(2) 掌握基本超链接创建;

(3) 掌握同文件锚点链接创建及跨文件的锚点链接创建;

(4) 掌握网页中图片创建，以及图片超链接、热点实现;

(5) 掌握网页中音频文件、视频文件创建;

(6) 掌握网页中其他常用标签的使用。

超链接是网页制作中必不可少的部分，在浏览网页时，单击一张图或者一段文字就可以弹出一个新的网页，这些功能都是通过超链接来实现的。在 HTML 文件中，超链接的建立是很简单的，但是掌握超链接的原理对网页的制作是至关重要的。在学习超链接之前需要先了解一下 URL。URL(Uniform Resource Locator)指统一资源定位符，通常包括三个部分：协议代码、主机地址、具体的文件名。

2.1　超链接元素

超链接在网站中的使用十分广泛，一个网站由多个页面组成，页面之间的关系就是靠超链接来完成的。在网页文档中，每一个文件都有一个存放的位置和路径，了解一个文件与另一个文件之间的路径关系对建立超链接是至关重要的。

2.1.1　绝对路径、相对路径和根路径

在 HTML 中由文件提供了三种路径：绝对路径、相对路径、根路径。

(1) 绝对路径：指以硬盘根目录或站点根目录为参考点而建立的路径。如 http://www.deerol.com/html/a.html 和 C:\Documents and Settings\All Users\index.asp。

(2) 相对路径：指以当前文件所在的位置为参考点指向目标文件而建立的路径。如：../../a.html。

(3) 根路径：以/开头，后面紧跟文件路径。一般情况下不使用根路径。如：/html/photo/b.html。

虽然相对路径看似较为麻烦，但考虑到后续如果将目录移动到其他位置，会导致绝对路径全部失效，而相对路径则不用改变。在静态页面的制作中，推荐使用相对路径引出其他的页面。如表 2-1 所示为相对路径的使用方法。

表 2-1　相对路径的使用方法

相对位置	如何输入
同一目录	直接输入要链接的文档名
链接上一目录	输入../，再输入目录名
链接下一目录	输入目录名，后加/

2.1.2　超链接的基本语法

超链接的基本语法格式如下：

```
<a href="URL">超链接内容</a>
```

超链接通常使用标记<a>的 href 属性建立，在这种情况下，当前文档便是超链接源，href 设置的属性值便是目标文件，如例 2-1 所示。

【例 2-1】超链接的创建。

```
<body>
单击<a href="topic.html">这里</a>
</body>
```

默认情况下，超链接的目标页面在当前窗口中打开，可以通过 target 属性实现在新窗口中打开网页，如例 2-2 所示。

【例 2-2】在超链接中设置页面打开方式。

```
<body>
单击<a href="topic.html" target="_blank">这里</a>在新窗口中打开
</body>
```

target 属性值可以为_self、_blank、_top 以及_parent，_self 是 target 的默认值。如果 target 的值为_blank，那么目标页面会在一个新的窗口中打开，

如果 target 的值为_top，那么目标窗口会在顶层框架中打开(在框架页面中才有效果)；

如果 target 的值为_parent，那么目标窗口会在当前框架的上一层打开(在框架页面中才有效果)。框架的概念将在第 4 章介绍。

2.2　锚 点 链 接

锚点链接用于跳转到网页的指定部分，这对于篇幅较长的网页尤其有用。

1. 在同一页面中使用锚点链接

基本语法格式如下：

```
<a href="#id 值"></a>
<标签  id="名称"></标签>
```

任意元素的 id 值都可以当作锚点，就可以链接到同一个页面中由该锚点指定的位置了，这种方式只是在同一页面中使用锚点。这里由 id 给的名称来指定锚点命名，标签带 id 名称的位置即为锚点跳转到的位置，如例 2-3 所示。

【例 2-3】在网页中实现同页面锚点链接跳转。

```
<body>
<pre>
<h1>古诗鉴赏</h1>
<h3>单击<a href="#cg">春宫怨</a></h3>
<h3>单击<a href="#dk">登科居</a></h3>
<h3>单击<a href="#wy">五十言怀诗</a></h3>
<h2 id="cg">春宫怨</h2>
        昨夜风开露井桃，
        未央前殿月轮高。
        平阳歌舞新承宠，
        帘外春寒赐锦袍。
<br /><br /><br  />
    <h2 id="dk">登科居</h2>
        昔日龌龊不足夸，
        今朝放荡思无崖。
        春风得意马蹄疾，
        一日看尽长安花。
<br /><br /><br  />
    <h2 id="wy">五十言怀诗</h2>
        笑舞狂歌五十年，
        花中行乐月中眠。
        漫劳海内传名字，
```

HTML 5+CSS 3 网页设计教程

```
谁信腰间没酒钱。
诗赋自惭称作者,
众人疑道是神仙。
些须做得工夫处,
莫损心头一寸天。
<br /><br /><br />
</pre></body>
```

2. 在不同页面中使用锚点链接

基本语法格式如下。

(1) 在 01_index.html 中设置链接。

```
<a href="02_index.html#d1">锚点跳转</a>
```

(2) 在 02_index.html 中设置锚点。

```
<div id="d1">  </div>
```

只要在 a 标签中 href 属性给定值,给出另一个文件的相对路径+#id 值就能完成,如例 2-4 所示。

【例 2-4】实现在不同页面中跨页面的锚点链接创建。文件 Animals.html 中设置的链接部分、文件 bm.html 和文件 sz.html 中分别设置锚点的代码如下。

Animals.html 文件代码:

```
<html>
<head>
<title>动物世界</title>
</head>
<body>
<p>让我们深入了解一些动物</p>
<br />
<br />
<a href="sz.htm#sz">狮子</a>
<br />
<br />
<a href="bm.htm#bm">斑马</a>
<br />
<br />
印度豹
<br />
<br />
```

```
</body>
</html>
```

bm.html 文件代码：

```
<html>
<head>
<title>了解动物</title>
</head>
<body>
   斑马
 <br />
 <br />
<p><img src="66.jpg" width="400" height="269" /></p>
<p><img src="77.jpg" width="400" height="266" /></p>
<p><img src="55.jpg" width="400" height="269" /></p>
<pre>
<p id="bm">斑马(英文名称：zebra)：是现存的奇蹄目马科马属 3 种兽类的通称。因身上有起
保护作用的斑纹而得名。</p>
没有任何动物比斑马的皮毛更与众不同。斑马周身的条纹和人类的指纹一样——没有任何两匹完全
相同。
斑马为非洲特产。非洲东部、中部和南部产平原斑马，由腿至蹄具有条纹或腿部无条纹。
东非还产一种格式斑马，体格最大，耳长(约 20 厘米)而宽，全身条纹窄而密，因而又名细纹斑马。
南非洲产山斑马。与其他两种斑马不同的是，它有一对像驴似的大长耳朵。除腹部外，全身密布较
宽的黑条纹，雄体喉部有垂肉。
斑马是草食性动物。除了草之外，灌木、树枝、树叶甚至树皮也是它们的食物。
适应能力较强的消化系统，令斑马可以在低营养条件下生存，比其他草食性动物优胜。
斑马对非洲疾病的抗病力比马强，但斑马始终未能被驯化成家畜，也没有能和马进行杂交。
<p>     没有任何两匹斑马的斑纹完全一样，因此每匹斑马都是独一无二的。 斑马也称为黑白条
纹相间的马。 大多数动物学家相信斑纹对动物界的活动有重要作用，即可以通过它来区分斑马与其
他动物。</p>
</pre>
</body>
```

sz.html 文件代码：

```
<html>
<head>
<title>了解动物</title>
</head>
<body>
<p>狮子</p>
```

```
    <br />
    <br />
    狮子
</p>
<p><img src="44.gif" width="255" height="167" /></p>
<p><img src="33.jpg" width="255" height="177" /></p>
<p><img src="&#29422;&#23376;.gif" width="256" height="169" /></p>
<pre>
```

狮子(学名：Panthera leo；英文名：Lion)：简称狮，中国古称狻猊。是一种生存在非洲与亚洲的大型猫科动物，是现存平均体重最大的猫科动物，也是在世界上唯一一种雌雄两态的猫科动物。狮子体型大，躯体均匀，四肢中长，趾行性。头大而圆，吻部较短，视、听、嗅觉均很发达。犬齿及裂齿极发达；上裂齿具三齿尖，下裂齿具二齿尖；白齿较退化，齿冠直径小于外侧门齿高度。皮毛柔软。前足5趾，后足4趾；爪锋利，可伸缩。尾较发达。有"草原之王"的称号，是非洲顶级的猫科食肉动物。野生非洲雄狮平均体重240千克，全长可达3.2米。狮子的毛发短，体色有浅灰、黄色或茶色。雄狮还长有很长的鬃毛，鬃毛有淡棕色、深棕色、黑色等，长长的鬃毛一直延伸到肩部和胸部。

生活在热带稀树草原和草地，也出现于灌木和旱林。肉食，常以伏击方式捕杀其他温血动物。分布于非洲草原、亚洲印度。在野外狮子活10到14年，圈养下更长寿，一般达二十余年。

```
<p>        狮子的吼声从八公里之外就能听到！ 雄狮(很容易从鬃毛识别出雌雄)的重量高达 250
公斤。 而雌狮则要小得多，重 180 公斤。</p>
<h2 id="sz">物种学史</h2>
```

狮子是大型猫科动物，科学家根据其进化轨迹得出结论，该物种起源于约12万年前。英国《BMC进化生物学》杂志刊登的这项最新成果由英国、美国、法国和澳大利亚等国研究人员共同完成。他们从分布在世界各地博物馆中的古代狮子标本中取样，包括已经灭绝的北非巴巴里狮、伊朗狮等。研究人员对它们进行了基因测序，并将测序结果与现有的亚洲狮、非洲狮进行比对，得出了现代狮子的进化路线图。

结果显示，狮子起源于约12.4万年前的非洲东部和南部，大约2.1万年前，狮子才开始走出非洲，最远抵达亚洲的印度等地。从分支来看，现代狮子主要分为非洲东部、南部的一支和非洲中部、西部及印度的一支。后者目前已处于濒危状态，这意味着狮子面临着基因多样性减损一半的风险。

在过去几十年来，生活在非洲中、西部的狮子数量大幅减少，这项新研究从基因多样性的角度说明，应该对这一支狮子加强保护，以维持整个狮子种群的生存和发展。

开普狮和巴巴里狮是灭绝的两个亚种。开普狮灭绝于19世纪，没有留下任何可靠记录。巴巴里狮灭绝于20世纪前期，但动物园里还有一部分笼养的巴巴里狮。它们鬃毛更加发达，一直延伸到背部和腹部。巴巴里狮的最后阵地是摩洛哥的阿特拉斯山脉，1922年，最后一只巴巴里狮被人类的猎枪击倒。位于印度的亚洲狮体型比非洲兄弟要小，鬃毛也比较短。它们也处在灭亡的边缘。[4]

```
</pre>
<br />
```

```
<br />
</body>
</html>
```

2.3　图　片　元　素

在 HTML 中通过简单的标记就可以在 HTML 页面中引用图片，制作图文并茂的页面。图片还可以与超链接配合使用。

2.3.1　图片格式介绍

常见图片格式有以下几种。

◎ BMP 格式：Windows 系统下的标准位图格式。未经过压缩，生成的图像文件比较大，用于网页显示会增加用户的下载时间，不建议大量使用。

◎ GIF 格式：CompuServe 公司在 1987 年开发的图像文件格式。GIF 文件图像的数据是经过可变长压缩的，支持 2～256 种色彩图像，并且支持透明和动画，在 Web 开发中应用很广。但因为 GIF 格式只支持 256 种色彩，故不适合保存图片。

◎ JPEG 格式：由软件开发联合会组织制定的有损压缩格式。压缩比较高，支持 24bit 色彩，适合保存图片。

◎ PNG 格式：比较新的图像格式，能够提供长度比 GIF 格式小 30%的无损压缩图片，也支持背景透明，并且支持在 Alpha 通道调整图像的透明度。因为 PNG 格式推出时间不长，不是所有的浏览器都能很好地支持 PNG 格式。如 IE 6 浏览器不支持背景透明的 PNG 图片。

2.3.2　图片元素的基本用法

在网页中插入图片元素的基本语法格式如下：

```
<img src="图像文件路径及图像文件名"/>
```

图片元素标签为<img />，通过 src 属性指定图片地址就可以将图片显示在页面上。

> **注意**
>
> <img />元素只是引用了此图片，并未将图片本身内容复制到 HTML 文件中。如果引用的图片不存在或格式不正确，一般浏览器会显示出错符号。

【例 2-5】　网页中图片的添加。

```
<html>
<head>
<meta http-equiv="Content-Type" content="text/html;charset=utf-8">
```

```
<title>图片元素</title>
</head>
<body>
<p>正确地引用图片：<img src="02_5.jpg"/></p>
<p>不正确地引用图片：<img src="img/02_5.jpg"/></p>
</body>
</html>
```

运行结果如图 2-1 所示。

图 2-1　网页中添加图片的效果

2.3.3　图片元素的常用属性

图片元素的常用属性如下。

◎　width/height：设置图片的宽度或高度。如只设置其中一个值，浏览器会自动根据图片的纵横比决定另一个值。如果宽和高都没有设置，图片将会按照原始尺寸大小显示。该属性支持使用像素或百分比做单位。

◎　border：设置图片边框的宽度，默认为 0。

◎　alt：当图片无法加载时，用于替换图片内容的文字。

◎　align：设置图片与文字的对齐方式，可选择效果。

【例 2-6】在<img>标签中使用 alt 属性。

```
<body>
<p>正确地引用图片：<img src="02_5.jpg"/></p>
<p>不正确地引用图片：<img src="img/02_5.jpg" alt="图片服务器故障！"/></p>
</body>
```

运行结果如图 2-2 所示。

图 2-2　使用 alt 属性后的效果

2.3.4　热点

HTML 还支持将图片中的一片区域指定为"热点"，单击不同的热点可以跳转到不同的页面。通过这一技术可以让用户直观地进行操作。

【例 2-7】在图片中创建热点。

```
<body>
<img src="Snap4.jpg" usemap="#Map" border="0" />
<map name="Map" id="Map">
  <area shape="circle" coords="264,93,27" href="#" />
  <area shape="rect" coords="319,72,410,115" href="#" />
  <area shape="poly" coords="13,72" href="#" />
  <area shape="poly"
coords="13,71,74,71,183,72,193,78,197,87,196,96,186,102,151,102,89,101,
13,102" href="#" />
</map>
</body>
```

运行结果如图 2-3 所示。

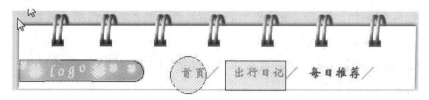

图 2-3　热点效果图

2.4 HTML 5 的视频

视频同文字、图片一样已经是每个网站基础的元素和重要的组成部分，越来越多的网站会直接产生对视频的需求，例如视频直播、视频点播、视频教学等。但网站的视频播放需要大量的服务器和足够的宽度支持。随着现代网络技术的发展，个人用户的宽带越来越大，基本上能满足用户的视频需求。

在 HTML 5 中，video 标签用于定义播放视频文件的标准，它支持三种视频格式，分别是 Ogg、WebM 和 MPEG4 格式，其基本语法格式如下。

```
<video  src="视频文件路径及视频文件名"  ></video>
```

【例 2-8】在网页中添加视频。

```
<body>
<video  src="movie.mp4"  controls="controls"></video>
</body>
```

运行结果如图 2-4 所示。

图 2-4 视频效果图

默认情况下，浏览器不会显示任何播放器控件，用户对他们看的内容无法进行快进、暂停、播放操作，为了改进这种情况可以添加 controls。

HTML 5 中定义的 video 元素属性如下。

(1) autoplay(自动播放)：告诉浏览器，视频一旦下载完就开始播放。

(2) controls(控件)：显示浏览器原生的内置控件。基本控件包括：播放/暂停按钮、定时器按钮、音量控制以及时间刷等。

(3) crossoringin(跨源域共享)：允许或禁止使用 CORS 对视频进行跨域共享。

(4) height(高)：视频的高度。

(5) loop(循环)：告诉浏览器，视频播放结束后循环播放。

(6)　poster(贴画)：规定视频正在加载时显示的图像，直到用户单击播放按钮。

同样的代码在 Firefox 和 Chrome 浏览器中支持，而在 IE 浏览器中却不支持，主要原因是视频文件的格式不同，因此不能播放。IE 浏览器对于 OGG 格式的视频是不支持的。表 2-2 中给出了主流浏览器对视频格式的支持情况。

表 2-2　HTML 5 对各浏览器视频格式的兼容性

视频格式	IE	Firefox	Opera	Chrome	Safari
OGG	NO	3.5+	10.5+	5.0+	NO
MPEG 4	9.0+	NO	NO	5.0+	3.0+
WebM	NO	4.0+	10.6+	6.0+	NO

为了兼容所有的浏览器，在使用时可以添加 source 元素。浏览器会自动选择第一个可以识别的格式，不会再加载其他的文件，因此不会影响浏览器的性能。具体代码如下：

```
<video controls="controls">
  <source src="movie.mp4" type="video/mp4" />
   <source src="movie.webm" type="video/vp8" />
     <source src="movie.ogv" type="video/ogg" />
</video>
```

2.5　HTML 5 的音频

Web 上的音频播放从来都没有一个固定的标准，在访问相关网站时会遇到各种插件，如 Windows Media Player、RealPlayer 等。HTML 5 的问世使音频播放领域实现了统一的标准，让用户告别了插件的烦琐。

HTML 5 中的 audio 元素是用来播放音频文件的，支持 OGG、MP3、WAV 等音频格式，其语法如下所示：

```
<audio src="dmxy.mp3" controls="controls"></audio>
```

audio 元素的工作方式与 video 元素十分相似，并且共享一些相同的特性和 API。audio 和 video 元素共同的特性有：src、controls、autoplay、loop、crossorigin。

表 2-3 所示是主流浏览器对音频格式的支持情况。

表 2-3　HTML 5 对各浏览器音频格式的兼容性

音频格式	IE	Firefox	Opera	Chrome	Safari
OGG Vorbis	NO	3.5+	10.5+	3.0+	NO
MP3	9.0+	NO	NO	3.0+	3.0+
WAV	NO	4.0+	10.6+	NO	3.0+

和视频元素一样，source 元素用来链接到不同的音频文件，浏览器会自动选择第一个可以识别的格式。使用 source 元素支持多种浏览器，代码如下：

```
<audio controls="controls">
    <source src="dmxy.mp3" type="audio/mp3" />
    <source src="dmxy.aac" type="audio/aac" />
        <source src="dmxy.ogg" type="audio/ogg" />
</audio>
```

> **注意**
>
> 不需要在 HTML 中指定音频的宽度和高度。

2.6　其他常用元素

HTML 中还包括一些其他的常用元素，如内嵌元素 span、块级元素 div、上标标签与下标标签、滚动字幕标签，具体如下。

1. 内嵌元素<span>

<span>元素常用来修饰行内的文字、图像等内容。<span>元素并不影响元素的显示，需要配合样式表(样式表在第 6 章中介绍)使用。

2. 块级元素<div>

<div>元素中可以包含其他代码(如段落、超链接、图像等，也包括 div 元素自身)，用于将多个元素组织在一起，通过样式表可以修饰这些元素的外观。<div>元素在显示时会在前后添加换行。

3. div 与 span 标记的区别

div 和 span 标记默认情况下都没有对标记内的内容进行格式化或渲染，只有使用 CSS 来定义相应的样式时才会显示出来不同。

(1) 是否是块标记。div 标记是块标记，一般包含较大范围，在区域的前后会自动换行；而 span 标记是行内标记，一般包含范围较窄，通常在一行内，在区域外不会自动换行。

(2) 是否可以互相包含。一般来说，div 标记可以包含 span 标记，但 span 标记不可以包含 div 标记。

4. 上标<sup>与下标<sub>

在编辑数学试题时经常会需要用到上标与下标，<sup>和<sub>标签可以方便地使文字变为上标和下标，如例 2-9 所示。

【例 2-9】使用上标、下标标签实现特殊字体的效果设置。

```
<body>
<p> X<sub>1</sub><sup>2</sup>+X<sub>2</sub><sup>3</sup> =
Y<sup>2</sup></p>
<p>Windows <sup>&reg;</sup>是微软公司<sup>①</sup>的产品
<hr />
<p>① 微软公司即 Microsoft Corporation
</body>
```

运行效果如图 2-5 所示。

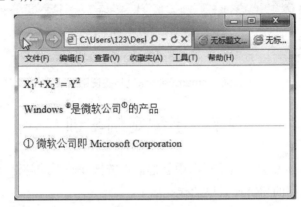

图 2-5　使用上标与下标标签实现特殊文字的效果

5. 滚动字幕<marquee>

<marquee>元素用来滚动显示文字或图片，通过设置其属性可以控制滚动方向和速度。

<marquee>元素常用属性如下。

◎　width/height：设置字幕的宽度和高度。

◎　direction：设置字幕的滚动方向，可以为 left、right、up、down。

◎　scrollamount：设置字幕的滚动速度，值越大，滚动速度越快。

◎　bgcolor：设置字幕的背景色。

【例 2-10】在网页中设置滚动图片效果。

```
<body>
<marquee>默认滚动字幕</marquee><br />
<marquee direction="right">
  <img src="a/as.jpg" width="120" height="120"/>
  <img src="a/Snap4.jpg" width="120" height="120"/>
  <img src="a/Snap5.jpg" width="120" height="120"/>
    <img src="a/Snap11.jpg" width="120" height="120"/>
    <img src="a/Snap9.jpg" width="120"  height="120"/>
</marquee>
</body>
```

运行效果如图 2-6 所示。

图 2-6 <marquee>滚动标签使用效果

2.7 小型案例实训

下面通过一个具体案例来演示页面中创建锚点链接和网页间超链接的实现。本案例中实现锚点链接和网页间的超链接效果的代码如下。

```html
<body>
课程介绍:
<ul>
    <li><a href="#one">平面广告设计</a></li>
    <li><a href="#two">网页设计与制作</a></li>
    <li><a href="#three">Flash 互动广告动画设计</a></li>
    <li><a href="#four">用户界面(UI)设计</a></li>
    <li><a href="#five">Javascript 与 JQuery 网页特效</a></li>
</ul>
<h3 id="one">平面广告设计</h3>
<p>课程涵盖 Photoshop 图像处理、Illustrator 图形设计、平面广告创意设计、字体设计与
标志设计。</p>
<br /><br /><br /><br /><br /><br /><br /><br /><br /><br /><br /><br /><br
/><br />
<h3 id="two">网页设计与制作</h3>
<p>课程涵盖 DIV+CSS 实现 Web 标准布局、Dreamweaver 快速网站建设、网页版式构图与设计
技巧、网页配色理论与技巧。</p>
<br /><br /><br /><br /><br /><br /><br /><br /><br /><br /><br /><br /><br
/><br />
<h3 id="three">Flash 互动广告动画设计</h3>
```

```
<p>课程涵盖 Flash 动画基础、Flash 高级动画、Flash 互动广告设计、Flash 商业网站设计。
</p>
<br /><br /><br /><br /><br /><br /><br /><br /><br /><br /><br /><br />
<br /><br />
<h3 id="four">用户界面(UI)设计</h3>
<p>课程涵盖实用美术基础、手绘基础造型、图标设计与实战演练、界面设计与实战演练。</p>
<br /><br /><br /><br /><br /><br /><br /><br /><br /><br /><br /><br
/><br />
<h3 id="five">Javascript 与 JQuery 网页特效</h3>
<p>课程涵盖 Javascript 编程基础、Javascript 网页特效制作、JQuery 编程基础、JQuery
网页特效制作。</p>
<a href="2-9/2-9.html"><img src="down.png"></a>
</body>
```

案例中实现单击"平面广告设计"超链接跳转到下面对应的"平面广告设计"内容处，单击"网页设计与制作"超链接跳转到下面对应的"网页设计与制作"内容处。"Flash 互动广告动画设计""用户界面(UI)设计""Javascript 与 JQuery 网页特效"同样实现锚点快速定位到目标内容位置。页面的最后在图片 down.png 上实现了与例 2-10 同样的超链接。

运行效果如图 2-7 所示。

课程介绍:
- 平面广告设计
- 网页设计与制作
- Flash互动广告动画设计
- 用户界面（UI）设计
- Javascript与JQuery网页特效

平面广告设计

课程涵盖Photoshop 图像处理、Illustrator 图形设计、平面广告创意设计、字体设计与标志设计。

Javascript与JQuery网页特效

课程涵盖Javascript编程基础、Javascript网页特效制作、JQuery编程基础、JQuery网页特效制作。

图 2-7　案例运行效果图

在例 2-10 末尾加入<a href="../2-10.html">返回</a>，即可实现例 2-10 和综合案例的网页链接跳转。

习　　题

一、单选题

1. 下面哪一组属性值不是用于设置图像映射的区域形状？（　　　）

    A. rect　　　　　B.circle　　　　　C.poly　　　　　D.cords

2. 如果设计网页的背景图形为 bg.png，以下标签中正确的是(   )。

    A. <body background="bg.png">   B. <body bground="bg.png">

    C. <body image="bg.png">   D. <body bgcolor="bg.png">

3. 下列哪一项是在新窗口中打开网页文档? (   )

    A. _self   B._blank   C._top   D._parent

4. 若要在页面中创建一个图像超链接，要显示的图像为 my.jpeg，所链接的地址为..\example\Doc2.htm，下列选项中正确的是(   )。

    A. <a href="..\example\my.jpeg"> bg.jpeg</a>

    B. <a href="..\example\my.jpeg">< bg.jpeg></a>

    C. <a href="..\example\my.jpeg"> bg.jpeg

    D. <a href="..\example\bg.jpeg"> my.jpeg</a>

5. 以下创建 E-mail 链接的方法，正确的是(   )。

    A. <a href="master@163.com">管理员</a>

    B. <a href="callto:master@163.com">管理员</a>

    C. <a href="mailto:master@163.com">管理员</a>

    D. <a href="Email:master@163.com">管理员</a>

二、填空题

1. HTML 的超链接是通过_____标签和_____来实现的。

2. 在 HTML 中，超链接标签的格式为<a_____="链接位置">超链接名称</a>。

3. HTML 文件中提供了三种路径: _____、_____、_____。

4. 常用的图片文件格式有: _____、_____、_____等。

三、上机题

1. 在 Dreamweaver 中打开"锚记链接案例.html"文件，在页面中实现锚点链接。

2. 将图片 china.gif 插入网页中，并在其上面实现热点。

第3章 列　　表

本章要点

(1) 无序列表;

(2) 有序列表;

(3) 定义列表;

(4) 嵌套序列表。

学习目标

(1) 掌握创建无序列表标签;

(2) 掌握创建有序列表标签;

(3) 了解定义列表的创建;

(4) 掌握嵌套列表的创建。

列表元素是网页设计中使用频率非常高的元素,在传统网站设计中,无论是新闻列表,还是商家产品,或者是其他内容,均可以用列表来呈现。如图 3-1 中所示都是用列表来添加的。

图 3-1　校园网站新闻信息部分

在一个网页中,列表用来设置结构化的、易读的文本格式,可以帮助用户方便地找到信息,并引起用户对信息的注意。本章将介绍各种不同类型的列表,包括无序列表、有序列表以及多级列表。

HTML 5+CSS 3 网页设计教程

3.1　无　序　列　表

1. 无序列表标签 ul

ul 标记用于设置无序列表。在每个列表项目文字之前，以项目符号作为每条列表项的前缀，各个列表没有级别之分。无序列表创建如例 3-1 所示。无序列表语法格式如下：

```
<ul>
    <li>列表项</li>
    <li>列表项</li>
…
</ul>
```

其中，<ul>表示无序列表的开始，</ul>表示无序列表的结束；<li>表示一个列表项的开始，</li>表示一个列表项的结束。

2. 无序列表的项目符号

无序列表的项目符号，默认情况下是"·"，而通过 ul 标记的 type 属性可以改变无序列表的项目符号，避免项目符号的单调，语法格式如下：

```
<ul type="符号类型">
<li>列表项</li>
<li>列表项</li>
…
</ul>
```

其中，type 属性值决定了列表项目的符号。当 type 属性值为 disc 时，项目符号为"·"；当 type 属性值为 circle 时，项目符号为"▫"；当 type 属性值为 square 时，项目符号为"■"。

通过学习，能够使用 ul 标签设计无序列表，并会使用 type 属性设置项目符号；能够使用 dl 标记设计定义列表。

【例 3-1】在网页中创建无序列表。

```
无序列表——车类
<ul>
  <li>小轿车</li>
   <li>小货车</li>
    <li>重卡车</li>
</ul>
```

运行结果如图 3-2 所示。

48

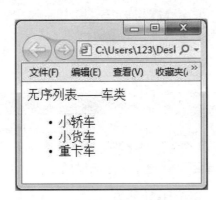

图 3-2　在网页中添加无序列表效果图

3.2　有　序　列　表

1. 有序列表标签 ol

有序列表中的项目采用数字或英文字母开头,通常各项目之间是有先后顺序的。有序列表语法格式如下:

```
<ol>
    <li>列表项</li>
    <li>列表项</li>
…
</ol>
```

其中,<ol>表示有序列表的开始,</ol>表示有序列表的结束;<li>表示一个列表项的开始,</li>表示一个列表项的结束。

【例 3-2】在网页中创建有序列表。

```
<body>
计算机网络专业的学生应该具备的能力
<ol>
 <li>办公自动化能力</li>
  <li>计算机硬件选购与测试能力</li>
    <li>计算机组装与维护能力</li>
    <li>网站建设与维护能力</li>
    <li>动态网页设计能力</li>
    <li>数据库管理与维护能力</li>
    <li>局域网络规划、安装与调试能力</li>
    <li>Linux 网络管理能力</li>
    <li>数据恢复能力</li>
    <li>路由器与交换机配置与管理能力</li>
```

```
</ol>
</body>
```

运行结果如图 3-3 所示。

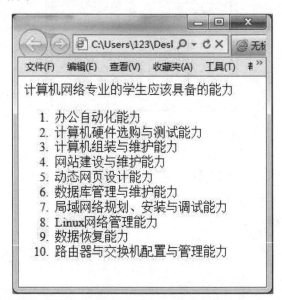

图 3-3　在网页中添加有序列表效果图

2. 有序列表的项目类型

有序列表同无序列表一样，也有项目类型，也可以通过 type 属性设置自己的项目类型。默认情况下，有序列表的项目序号是数字。语法格式如下：

```
<ol type="符号类型">
<li>列表项</li>
<li>列表项</li>
…
</ol>
```

其中，type 属性决定项目序号的类型。当 type 属性值为 1 时，项目序号为 "1、2、3、4…"；当 type 属性值为 a 时，项目序号为 "a、b、c、d、…"。

当 type 属性值为 A 时，项目序号为 "A、B、C、D、…"；当 type 属性值为 i 时，项目序号为 "i、ii、iii、iv、…"；当 type 属性值为 I 时，项目序号为 "I、II、III、IV、…"。

3. 有序列表的起始数值

默认情况下，有序列表的序号是从 1 开始的，但可以通过 start 属性改变序号的起始值。语法格式如下：

```
<ol start="起始数值">
<li>列表项</li>
```

```
<li>列表项</li>
…
</ol>
```

其中，起始数值只能是数字，但是同样对字母或罗马数字起作用。例如，项目类型为 a，起始值为 5，那么项目序号就从英文字母 e 开始编号，有序列表指定起始值，实现方法如例 3-3 所示。

【例 3-3】在有序列表中设置起始值。

```
<body>
计算机网络专业的学生应该具备的能力
<ol type="A" start="5">
  <li >办公自动化能力</li>
   <li>计算机硬件选购与测试能力</li>
    <li>计算机组装与维护能力</li>
    <li>网站建设与维护能力</li>
    <li>动态网页设计能力</li>
    <li>数据库管理与维护能力</li>
    <li>局域网络规划、安装与调试能力</li>
    <li>Linux 网络管理能力</li>
    <li>数据恢复能力</li>
    <li>路由器与交换机配置与管理能力</li>
</ol>
</body>
```

运行结果如图 3-4 所示。

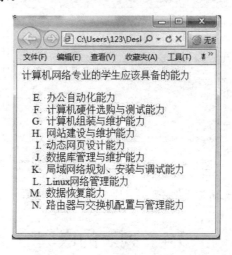

图 3-4　在网页中实现有序列表设置起始值效果图

3.3 定 义 列 表

定义列表不仅仅是一列项目，而是项目及其注释的组合。定义列表以<dl>标签开始。每个自定义列表项以<dt>开始。每个自定义列表项的定义以<dd>开始。

定义列表的语法格式如下：

```
<dl>
<dt>名称</dt>
<dd>说明</dd>
<dt>名称</dt>
<dd>说明</dd>
</dl>
```

【例3-4】在网页中创建定义列表。

```
    <dl>
<dt>Coffee</dt>
<dd>Black hot drink</dd>
<dt>Milk</dt>
<dd>White cold drink</dd>
</dl>
```

运行结果如图3-5所示。

图3-5　在网页中添加定义列表效果图

定义列表的列表项内部可以是段落、图片、链接以及其他列表等。

3.4 列表的嵌套

无序列表和有序列表的嵌套是常见的列表嵌套，多次使用<ol>和<ul>标签就可以组合出多种嵌套形式。嵌套列表语法格式如下：

```
    <ul>
<li>名词一
<ol>
<li>列表项</li>
<li>列表项</li>
…
</ol>
</li>
<li>名词二
<ol>
<li>列表项</li>
<li>列表项</li>
…
</ol>
</li>
</ul>
```

【例 3-5】在网页中创建嵌套列表。

```
<body>
<h1>调查问卷</h1>
<ol >
  <li>选择您所在的国家
      <ol type="A">
          <li>中国</li>
          <li>美国</li>
          <li>日本</li>
          <li>其他</li>
      </ol>
  </li>
  <li>选择您所在的城市
      <ol type="A">
          <li>台湾</li>
          <li>香港</li>
          <li>澳门</li>
          <li>其他</li>
      </ol>
  </li>
</ol>
</body>
```

运行结果如图 3-6 所示。

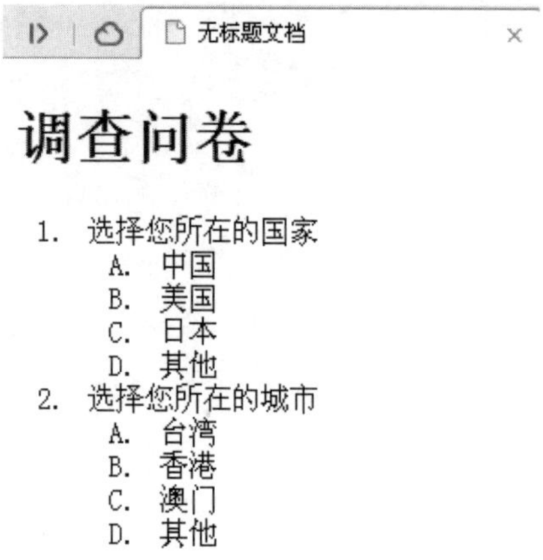

图 3-6　嵌套列表实现效果图

3.5　小型案例实训

本案例用嵌套列表实现二级导航菜单的内容部分。

```
<body>
<ul>
<li><a href="#">首页</a></li>
<li><a href="#">学校概况</a></li>
<li><a href="#">行政机构</a>
 <ul>
 <li><a href="#">人事处</a></li>
 <li><a href="#">财务处</a></li>
 <li><a href="#">教务处</a></li>
 <li><a href="#">学工处</a></li>
 </ul>
</li>
<li><a href="#">招生就业</a>
 <ul>
 <li><a href="#">招生信息</a></li>
 <li><a href="#">招生信息</a></li>
 <li><a href="#">就业信息</a></li>
 </ul>
</li>
</ul>
</body>
```

运行结果如图 3-7 所示。

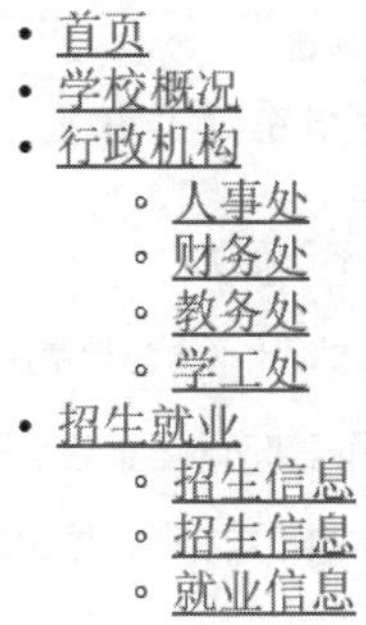

- 首页
- 学校概况
- 行政机构
  ○ 人事处
  ○ 财务处
  ○ 教务处
  ○ 学工处
- 招生就业
  ○ 招生信息
  ○ 招生信息
  ○ 就业信息

图 3-7　用嵌套列表实现二级菜单效果图

习　　题

一、单选题

1. 下列对于清单的说法错误的是(　　　)。
    A. 常用的列表有 3 种格式，即无序列表(unordered list)、有序列表(ordered list)和定义列表(definition list)
    B. 无序列表用<ul>开始
    C. 无序列表输出时，每一条目前都只能有一个黑色圆点
    D. 各种列表可以相互嵌套

2. 下列哪一组标签不是定义列表中需要的标签? (　　　)
    A. <dl>   B. <dt>
    C. <do>   D. <dd>

3. 关于列表标签，下列说法错误的是(　　　)。
    A. <ol>有序列表   B. <ul>无序列表
    C. <dl>定义列表   D. <li>嵌套列表

4. <dt>和<dd>标签能在(　　　)标签中使用。
    A. 任何   B. <dl>
    C. <ul>   D. <ol>

二、上机题

使用嵌套列表实现如图 3-8 所示的页面设置。

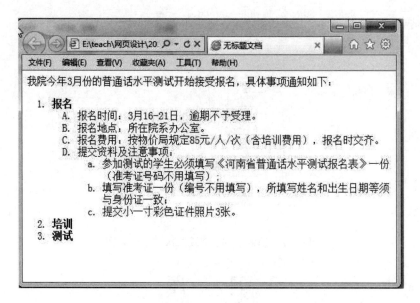

图 3-8　上机题

第4章 表格与框架

本章要点

(1) 表格的基本构成；

(2) 表格的基本属性；

(3) 单元格的基本属性；

(4) 带合并效果的表格。

学习目标

(1) 掌握基本表格的创建；

(2) 掌握表格常见属性的使用；

(3) 掌握合并行表格的创建；

(4) 掌握合并列表格的创建；

(5) 了解框架表格。

在一个网页中，无论排列文本内容还是对图像、数据等元素进行排版，表格元素都起到至关重要的作用。表格以简洁明了的方式，将文本内容、数据、图像等元素有序地显示在网页上。本章将重点介绍表格的创建、表格属性、不规则表格的创建以及表格的结构。

4.1 表格的组成

一个表格由行、列和单元格构成，可以有多行，每行可以有多个单元格。在网页中，表格也是由标记创建的。表格常用标记如表 4-1 所示。

表 4-1 表格常用元素标签及说明

标　签	说　明
\<table\>	表格标记
\<tr\>	行标记
\<td\>	列标记
\<th\>	表头标记
\<caption\>	表格标题

1. table、tr 和 td 标记

表格的三部分——行、列和单元格，一般通过 3 个标记来创建。标记 table 创建表格，标记 tr 创建行，标记 td 创建单元格。行是水平的，贯穿表格的左右；列是垂直的；单元格是行和列交会的部分，是输入和显示信息的地方。创建表格要以<table>标记开始，以</table>标记结束。简单表格创建如例 4-1 所示。

【例 4-1】 制作一个规则表格。

```
<body>
<table border="1" width="200">
<tr>
<td> </td>
<td> </td>
<td> </td>
</tr>
<tr>
<td> </td>
<td> </td>
<td> </td>
</tr>
</table>
</body>
```

运行结果如图 4-1 所示。

图 4-1　在网页中创建规则表格效果图

在一个表格中包含几组<tr>和</tr>标记，就表示该表格有几行。<td>和</td>标记分别表示单元格的开始和结束，在一行中包含几组<td>和</td>标记，就表示该行中有几个单元格。

2. 标题标记 caption

一个表格中只含有一个<caption>标记用于设置表格的标题，如例 4-2 所示。

【例 4-2】给表格添加标题标记。

```
<body>
<table border="1" width="200">
<caption>表格的标题</caption>
<tr>
<td> </td>
<td> </td>
<td> </td>
</tr>
<tr>
<td> </td>
<td> </td>
<td> </td>
</tr>
</table>
</body>
```

运行结果如图 4-2 所示。

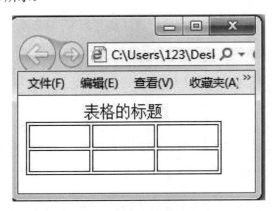

图 4-2　页面效果图

3. 表头标记 th

<th>是<td>单元格的一种变体，实质上是一种单元格，用来显示表头信息。

默认情况下，浏览器会以粗体和居中的样式显示<th>标记中的内容。创建表头标记的语法格式如下：

```
<table>
<tr>
<th>单元格中的内容</th>
<th>单元格中的内容</th>
...
```

```
</tr>
<tr>
<td>单元格中的内容</td>
<td>单元格中的内容</td>
…
</tr>
…
</table>
```

4.2 表格的属性

1. 表格的宽度

可以使用 width 属性设置表格的宽度，语法格式如下：

```
<table  width="表格宽度">
```

如果不指定表格宽度，则浏览器会根据表格内容自动调整宽度。

2. 表格的高度

可以使用 height 属性设置表格的高度，语法格式如下：

```
<table  height="表格高度">
```

如果不指定表格高度，则浏览器会根据表格内容自动调整高度。

3. 表格的对齐方式

可以使用 align 属性设置整个表格在页面中的对齐方式，语法格式如下：

```
<table  align="对齐方式">
```

默认情况下，整个表格在页面中是左对齐的。当 align 的取值为 left 时，整个表格在页面中左对齐；当 align 的取值为 center 时，整个表格在页面中居中对齐；当 align 的取值为 right 时，整个表格在页面中右对齐。

4. 表格边框宽度

border 属性用于设置表格边框的粗细，语法格式如下：

```
<table  border="边框宽度值">
```

5. 表格边框颜色

表格边框的颜色在默认情况下是灰色的，可以使用 bordercolor 属性设置边框的颜色。设置边框颜色的语法格式如下：

```
<table border="边框宽度值"  bordercolor="颜色值">
```

其中，边框宽度值大于 0(否则无法显示边框的颜色)，颜色值为十六进制的颜色值或英文的颜色名称。

6. 单元格的间距

表格内部每个单元格之间的间距可以使用 cellspacing 属性来设置，语法格式如下：

```
<table border="边框宽度值"  cellspacing="间距值">
```

7. 单元格边框和内容之间的距离

单元格边框和内容之间的间距可以使用 cellpadding 属性来设置，语法格式如下：

```
<table border="边框宽度值"  cellpadding="内容与边框的间距值">
```

8. 设置表格的背景色

bgcolor 属性用来设置表格的背景颜色，语法格式如下：

```
<table bgcolor="颜色值">
```

9. 设置表格的背景图片

美化表格时，不仅可以设置表格的背景色，还可以设置表格的背景图片。设置表格背景图片的语法格式如下：

```
<table background="背景图片路径">
```

【例 4-3】在网页中添加表格，并设置表格宽、高、边框属性。

```
<table width="400" height="400" border="1">
  <tr>
    <th>日期</th>
    <th>天气情况</th>
  </tr>
  <tr>
    <td>2012-05-12</td>
    <td>晴天</td>
  </tr>
  <tr>
    <td>2012-05-13</td>
    <td>多云</td>
  </tr>
  <tr>
    <td>2012-05-14</td>
```

```
   <td>阴天</td>
  </tr>
</table>
```

运行结果如图 4-3 所示。

图 4-3　在表格中添加属性效果图

4.3　表格的行属性

在网页中设计表格时，除了使用表格标记<table>的属性从整体上设计表格样式外，还可以使用行标记<tr>的属性逐行设计行的样式。

1. 设置行的高度

在网页中使用表格时，偶尔遇到表格中某一行的高度与其他行不同，这时就需要使用<tr>标记的 height 属性设置该行的高度。语法格式如下：

```
<tr height="行的高度值">
```

2. 设置行文字的水平对齐方式

<tr>标记的 align 属性可以用于设置表格行内文字的水平对齐方式，语法格式如下：

```
<tr align="对齐方式">
```

3. 设置行的边框颜色

<tr>标记的 bordercolor 属性可以用于设置行的边框颜色，语法格式如下：

```
<tr bordercolor="颜色值">
```

4. 设置行的背景颜色

<tr>标记的 bgcolor 属性可以用于设置行的背景颜色，语法格式如下：

```
<tr bgcolor="颜色值">
```

4.4 表格的单元格设置

一个表格可以有多行，一行可以有多个单元格。单元格是表格中最基本的单位。<td>单元格标记都要包含在行标记<tr>里面。程序员可以设置单元格的各种样式，这些样式将覆盖<table>和<tr>已经定义好的样式。

1. 设置单元格的水平跨度(跨多列)

在制作表格时，可能需要某个单元格占据多列的位置，这时候就要合并单元格，使用 colspan 属性设置该单元格所跨的列数。设置跨列语法格式如下：

```
<td colspan="跨的列数值">
```

如下表第一行的单元格的水平跨度为 4。

【例 4-4】在表格中实现合并列设置，合并 4 列。

```
<body>
<table width="300" border="1">
  <tr>
    <td colspan="4"> </td>
  </tr>
  <tr>
  <td> </td>
  <td> </td>
  <td> </td>
  <td> </td>
  </tr>
</table>
</body>
```

2. 设置单元格的垂直跨度(跨多行)

在制作表格时，可能需要某个单元格占据多行的位置，这时候就要使用 rowspan 属性设置该单元格所跨的行数。其语法格式如下：

```
<td  rowspan="跨的行数值">
```

如下表第一个单元格的垂直跨度为 3。

【例 4-5】在表格中实现合并行设置，合并 3 行。

```
<body>
<table width="300"  border="1">
  <tr>
   <td rowspan="3"> </td>
    <td> </td>
 <td> </td>
 <td> </td>
 </tr>
 <tr>
 <td> </td>
 <td> </td>
 <td> </td>
 </tr>
  <tr>
 <td> </td>
 <td> </td>
 <td> </td>
 </tr>
</table>
</body>
```

3. 设置单元格的对齐方式

单元格的对齐方式的设置方法与行对齐方式的设置方法一样，读者可以参考<tr>标记的 align 和 valign 属性来设置单元格的对齐方式。方法如下：

```
<td  align="对齐方式">
```

4. 设置单元格的背景色、边框颜色

单元格的背景色、边框颜色的设置方法与行的背景色、边框颜色的设置方法一样，读者可以参考<tr>标记的 bgcolor 和 bordercolor 属性来设置单元格的背景色、边框颜色。方法如下：

```
<td bordercolor="颜色值" bgcolor="颜色值">
```

4.5 框架结构

4.5.1 框架概述

框架是一种在一个页面中显示多个网页的技术，通过超链接可以为框架建立内容之间的联系，从而实现页面导航的功能。

框架的作用主要是在一个浏览器窗口显示多个网页，每个区域显示的网页内容也可以不同，它的这个特征在"厂"字形的网页中使用极为广泛。

如图 4-4(a)、图 4 -4(b)中效果为上下结构框架页。

(a) 框架页面图(1)

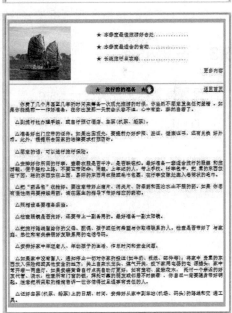

(b) 框架页面图(2)

图 4-4 框架页面图

4.5.2　框架的基本结构

框架的基本结构分为框架集和框架两个部分。框架集指在一个网页文件中定义一组框架结构，包括定义一个窗口中显示的框架数、框架的尺寸以及框架中载入的内容；框架指网页文件上定义的显示区域。

创建框架页面的基本语法格式如下：

```
<html>
<head>
  <title>框架的基本结构</title>
</head>
  <frameset>
<frame>
<frame>
...
</frameset>
</html>
```

说明：在网页文件中，使用框架集的页面的<body>标记将被<frameset>标记替代，然后再利用<frame>标记去定义框架结构。常见的分割框架方式有：左右分割、上下分割、嵌套分割。所谓嵌套分割是指在同一框架集中既有左右分割，又有上下分割。

4.5.3　设置框架

1. 设置框架源文件属性——src

在 HTML 文件中，利用 src 属性可以设置框架中显示文件的路径。设置 src 的语法格式如下：

```
  <frameset>
<frame  src="URL">
<frame  src="URL">
...
</frameset>
```

2. 添加框架名称——name

在 HTML 文件中，利用框架<frame>标记中的 name 属性可以为框架自定义一个名称。给标签 frame 添加 name 属性的语法格式如下：

```
<frameset>
<frame  src="URL"  name="topFrame">
```

```
<frame  src="URL"  name="leftFrame">
...
</frameset>
```

3. 设置显示框架滚动条——scrolling

在 HTML 文件中，利用框架<frame>标记中的 scrolling 属性可以设置是否为框架添加滚动条。在标签 frame 中添加 scrolling 属性的语法格式如下：

```
<frameset>
<frame  src="URL"  name="topFrame"  scrolling="yes">
<frame  src="URL"  name="leftFrame">
...
</frameset>
```

说明：<frame>标记中的 scrolling 属性用三种方式设置滚动，具体如下。

(1) yes：添加滚动条。

(2) no：不添加滚动条。

(3) auto：自动添加滚动条。

4. 添加不支持框架标记<noframe>

虽然框架在网页中的使用很广泛，但是有一些版本较低的浏览器不支持框架，网站开发人员只能应用浏览器不支持的框架技术。在网页中使用<noframe>标记，当浏览器不支持框架集时，会自动搜寻网页中的<noframe>标记，并显示标记中的内容。

```
<frameset rows="226,*">
    <frame src=" " scrolling="yes" />
    <frame />
</frameset>
<noframes>
    <body>
    </body>
</noframes>
</html>
```

5. 在设置框架集<frameset>中设置分割——cols/rows

1) 左右分割——cols

在 HTML 文件中，利用 cols 属性将网页进行左右分割。其语法格式如下：

```
<frameset cols="200,*">
        <frame  src=" "  scrolling="yes" /><frame />
```

```
        <frame  src=" " /><frame />
</frameset>
```

说明：上述语法将框架页面分为左右结构，左边窗口宽 200，右边窗口宽为整个窗口宽减去 200 后剩余的宽度。

2) 上下分割——rows

在 HTML 文件中，利用 rows 属性将网页进行上下分割。其语法格式如下：

```
<frameset  rows="10%,*">
        <frame  src=" " /><frame />
        <frame  src=" " /><frame />
</frameset>
```

说明：上述语法将框架页面分为上下结构，上边窗口高占整个窗口的 10%，下边窗口高为整个窗口中减去 10%外的剩余高度。

4.6 小型案例实训

本案例将使用表格创建实现个人简历，代码如下。

```
<body>
<table border="1" width="400">
<caption>个人简历</caption>
<tr>
  <th rowspan="2">基本资料</th>
  <th>姓名</th>
  <td>孙悟空</td>
  <th>性别</th>
  <td>男</td>
</tr>
<tr>
  <th>政治面貌</th>
  <td>群众</td>
  <th>出生日期</th>
  <td>1988-12-09</td>
</tr>
<tr>
<th colspan="5" align="center">业余爱好</th>
</tr>
<tr>
   <td>替身</td>
```

```
  <td>各种球类</td>
  <td>爬山</td>
  <td>看电视</td>
  <td>压马路</td>
</tr>
</table>
</body>
```

运行结果如图 4-5 所示。

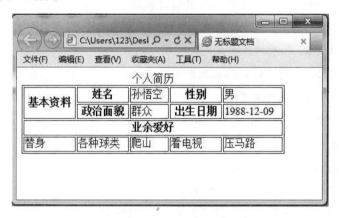

图 4-5　小型案例效果图

习　　题

一、单选题

1. 要使表格的边框不显示，应设置 border 的值为(　　)。

　　A. 1　　　　　　　　B. 0　　　　　　　　C. 2　　　　　　　　D. 3

2. 以下标记中，用于定义一个单元格的是(　　)。

　　A. <td> </td>　　　　　　　　B. <tr>…</tr>

　　C. <table>…</table>　　　　　　　　D. <caption>…</caption>

3. 用于设置表格背景颜色的属性的是(　　)。

　　A. background　　　　　　　　B. bgcolor

　　C. bordercolor　　　　　　　　D. backgroundcolor

4. 表格的开始标记为(　　)。

　　A. <table>　　　　B. </table>　　　　C. <p>　　　　D. <tr>

5. 以下属性可以添加在<table>标记后面的是(　　)。

　　A. border　　　　B. width　　　　C. height　　　　D. <tr>

6. 下列对于<th>标记和<td>标记的说法不正确的是(　　)。

A. <th>和<td>都可以标记一个单元格

B. 有多少个单元格就有多少个<th>或<td>

C. <th>标记所标记的单元格的文字以粗体出现

D. <th>和<td>标记作用完全一样

7. 下列对于表格的说法正确的是(　　)。

A. 不可以使用表格对页面中的内容进行排版

B. rowspan 属性用于定义有横向通栏的表格

C. colspan 属性用于定义有纵向通栏的表格

D. 在页面布局时为了页面的美观也经常用到表格，但我们却看不见这些表格，是由于 border 属性的值被设定为"0"了

8. 下列对于 bgcolor 属性的说法正确的是(　　)。

A. 可以用来定义表格的颜色

B. <table>标记中必须出现 bgcolor 属性

C. bgcolor 属性的值必须是十六进制的 6 位数

D. bgcolor 属性的值必须是已经定义好的颜色

9. 下面对框架的说法错误的是(　　)。

A. 框架页面把浏览器窗口切割成几个独立的部分

B. 设计框架页面时，<frame>标记和<frameset>标记用于定义框架网页的结构

C. 由于框架页面的出现，从根本上改变了 HTML 文档的传统结构，因此在出现<frameset>标记的文档中，将不再使用<body>标记

D. <frame>是用来划分窗框的，每一窗框由一个<frameset>标记所标识，<frameset>必须在<frame>范围内使用

10. 下面的说法错误的是(　　)。

A. 我们可以将窗口分隔为几块，横向分用 rows 属性，纵向分用 cols 属性

B. 框架可以嵌套

C. <frameset　cols="*,*,*">是将窗口横向分为三等份

D. <frameset　rows="50%,50%">是将窗口横向分为两个，各占 50%的显示区域

二、上机题

1. 实现如图 4-6 所示的表格。

2. 实现如图 4-7 所示的页面效果。

3. 实现如图 4-8 所示的页面效果。

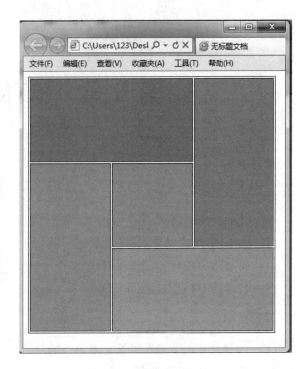

图 4-6   页面效果图(1)

图 4-7   页面效果图(2)

图 4-8   页面效果图(3)

第 5 章　HTML 表单

本章要点

(1)　表单标签;

(2)　input 标签元素创建;

(3)　textarea 元素、select 元素创建;

(4)　新增的 HTML 5 控件属性;

(5)　新增的 HTML 5 input 元素。

学习目标

(1)　认识表单,掌握表单及表单属性的应用;

(2)　掌握 input 元素及属性的应用;

(3)　掌握 textarea 元素、select 元素的应用;

(4)　掌握新增的 HTML 5 控件属性的使用;

(5)　掌握新增的 HTML 5 input 元素的使用;

(6)　能运用常用表单标签及属性创建网页登录、注册信息。

5.1　表单标签 form

表单是网页中提供的一种交互式操作手段,在网页中的使用十分广泛。无论是提交搜索的信息,还是网上注册等都需要使用表单。用户可以通过提交表单信息与服务器进行动态交流。

在 HTML 网页中,表单是用<form>标签定义的,它类似于一个容器。表单对象必须在表单中才有效。表单创建语法格式如下:

```
<form  name=" "  method=" "  action=" "  enctype=" ">
</form>
```

1. 处理动作 action 属性

form 标签里的 action 属性用于指定表单数据提交给哪个程序进行处理。

其中,表单的处理程序是表单标签必不可少的参数,它是表单要提交的地址。换句话说是表单收集到的信息要传递的程序地址。

2. 表单名称 name

在一个网页程序中，可能需要多个表单来提交信息，这时就需要用 name 属性给表单命名一个名称。表单名称可以控制与后台程序之间的关系。

其中，表单的名称是一个标识符，不能含有特殊的字符和空格。

3. 表单提交方法 method

<form>标签里的 method 属性用于指定使用哪种提交方法将表单数据提交服务器。默认情况下，提交方法为 get，但 get 方法不具有保密性，而且提交非 ASCII 的字符。

其中，表单的提交方法有两种：get 和 post。

(1)　get 方法将表单内容以附件形式放在 URL 地址后面，因此有长度限制(最大 8192 字符)，而且不安全。

(2)　post 方法将用户在表单中输入的数据包含在表单主体中，一起提交给服务器。该方法没有信息长度的限制，也比较安全。

4. 编码方式 enctype

<form>标记里的 enctype 属性用于指定表单信息提交的编码方式，如例 5-1 所示。这个编码方式通常情况采用默认的(application/x-www-form-urlencoded)即可，但上传文件时必须选择 mime 编码(multipart/form-data)。

其中，编码方式有 3 种情况：text/plain(纯文本形式)、application/x-www-form-urlencoded 和 multipart/form-data。

【例 5-1】在网页中创建表单元素。

```
<! DOCTYPE HTML PUBKUC"-//W3C//DTD HTML 4.01
Transitional//EN""Http://www.w3.org/TR/html4/loosr,dtd">
<html>
<head>
<meta http-equiv="Content-Type" content="text/html;charset=UTF-8">
<title>example8_1.html</title>
</head>
<form action="action.html" method="post">
</form>
</body>
</html>
```

5.2　input 标签——文本框、密码框

在表单中，input 标签是最常用的表单标签。input 标签里面有个 type 属性值用来确定表单对象的类型，如 text 代表的是文本框类型。

另外，input 标签必须放在<form>与</form>标记之间才有效。

1. 文本框

如果 input 标签的 type 属性值为 text，那么这个 input 标签(插入表单对象)代表的就是单行文本框，可以输入任何类型的文本、数字和字母，输入的内容是单行显示。表单中创建文本框的语法格式如下：

```
<input type="text"  value="文本框内的默认值" name="文本框的名称" size="文本框的长度" maxlength="最大字符数"/>。
```

其中，type 属性指定插入哪种表单对象，如 type="text"，即插入的是文本框(文字内容)；value 属性设置文本框的默认值；name 属性设置文本框的名字，用于和其他控件进行区分，处理程序通过 name 获取 value 的值；size 属性值确定文本字段在页面中显示的长度，以字符为单位；maxlength 属性值用于设定文本框中最大可以输入的字符数。在表单中创建文本框的代码如下：

```
姓名: <input type="text" value="" name="userName"/>
```

上述代码运行结果如图 5-1 所示。

姓名：

图 5-1　在网页中创建文本框效果图

2. 密码框

如果 input 标签的 type 属性值为 password，那么这个 input 标签代表的就是密码框，在其中输入的字符都是以*或者圆点显示。在表单中创建密码框的语法格式如下：

```
<input type="password" value="密码框的名称" size="密码框的长度" maxlength="最大字符数"/>
```

这里密码框的属性和文本框中的属性类似，其实现代码如下。

```
密码:<input type="password" value ="123456" name="pwd"/>
```

上述代码运行结果如图 5-2 所示。

密码：

图 5-2　在网页中创建密码框效果图

5.3　input 标签——单选按钮与复选框

1. 单选按钮

单选按钮用来让用户进行单一的选择，如让用户选择自己的性别。单选按钮在页面中以 "⚫" 显示。单选按钮实现语法格式如下：

```
<input type="radio" value="单选按钮的值" Name="单选按钮的名称" checked/>
```

其中，当用户选中单选按钮后，value 属性的值传递给处理程序。Name 代表被选中按钮的名称，一组单选按钮的名称都相同，处理程序通过 Name 获取被选中按钮的 value 值。

checked 表示该单选按钮被选中，在一组单选按钮中只有一个单选按钮设置为 checked。在表单中创建单选按钮的实现代码如下。

```
<input type="radio" value="male" name="sex"checked/>男
<input type="radio" value="female" name="sex"/>女
```

上述代码运行结果如图 5-3 所示。

性别：◉男 ◎女

图 5-3　在网页中创建单选按钮效果图

2. 复选框

我们经常看到这样的问题，"请选择您喜欢的歌手：☐顾小白　☐左永邦　☐罗书权"，这样的网页就是使用复选框实现的。

复选框与单选按钮的不同之处是复选框能够实现选项的多选，以一个方框"☐"表示。复选框创建语法格式如下：

```
<input type="checkbox"  value="复选框的值" name="复选框的名称" checked/>
```

其中，当用户选中复选框后，value 属性的值传递给处理程序。name 代表的是复选框的名称，一组复选框的名称相同，处理程序通过 name 获取被选中的复选框的 value 值(以数组的形式返回，数组元素为被选中的复选框的 value 值)。checked 表示该复选框被选中，一组复选框中可以同时有多个被选中。在表单中创建复选框的实现代码如下：

```
<input type="checkbox" value="sunwukong" name="lover" checked/>孙悟空
<input type="checkbox" value="zhubajie" name="lover" checked/>猪八戒
<input type="checkbox" value="shaseng" name="lover" />沙僧
```

上述代码运行结果如图 5-4 所示。

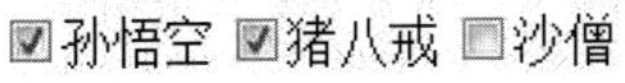

☑孙悟空 ☑猪八戒 ☐沙僧

图 5-4　在网页中创建复选框效果图

【例 5-2】使用文本框、密码框、单选按钮、复选框创建调查表，实现代码如下：

```
<! DOCTYPE HTML PUBKUC"-//W3C//DTD HTML 4.01
Transitional//EN""Http://www.w3.org/TR/html4/loosr,dtd">
<html>
```

```
<head>
<meta http-equiv="Content-Type"content="text/html;charset=UTF-8">
<title>example8_3.html</title>
</head>
<body>
<h3>调查表</h3>
<form name="form1" action="Untitled-1.html" target="_blank" method="get">
用户名: <input type="text"  name="user"/> <br />
家庭住址: <input type="text" name="address" /><br />
密码: <input type="password"  name="password"/><br />
个人爱好: <input type="checkbox" />旅游<input type="checkbox" />打游戏<input
type="checkbox" />看书<br />
国籍: <input type="radio" name="s1"/>中国<input type="radio" name="s1"/>
美国<input type="radio" name="s1"/>韩国<br />
性别: <input type="radio" name="sex" />男<input type="radio" name="sex" />
女
</form>
```

程序运行效果如图 5-5 所示。

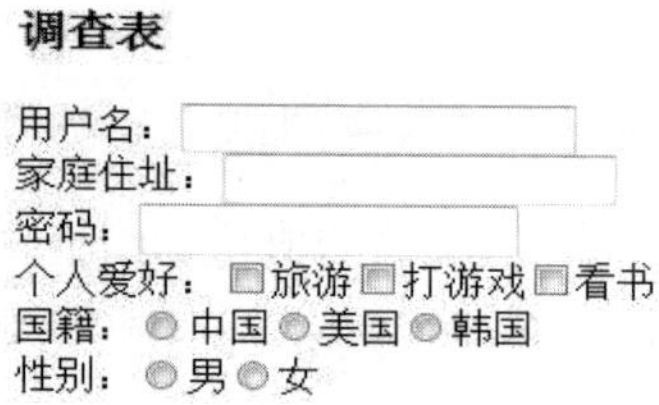

图 5-5　调查表实现效果图

5.4　input 标签——按钮

在网页的表单中,按钮起到至关重要的作用。如果没有按钮,那么网页很难和用户进行互动。单击按钮可以激发提交表单的动作("提交"按钮),也可以将表单恢复到初始的状态("重置"按钮),还可以根据程序的要求,发挥其他的作用(普通按钮)。

1.普通按钮

普通按钮主要是配合脚本语言(JavaScript)来进行表单的处理。普通按钮创建语法格式如下:

```
<input  type="button"  value="按钮的值"  name="按钮的名称"/>
```

其中,value 的取值就是显示在按钮上的文字。在普通按钮中可以添加 onclick、onfocus 等 JavaScript 事件实现特定的功能。

2. "重置"按钮

当用户在表单中输入信息后，想清除输入的信息，将表单恢复成初始状态时，需要使用"重置"按钮。重置按钮创建语法格式如下：

```
<input type="reset"  value="按钮的值"  name="按钮的名称"/>
```

其中，value 的取值就是显示在按钮上的文字。

3. "提交"按钮

用户单击"提交"按钮时，可以实现表单内容的提交。提交按钮创建语法格式如下：

```
<input  type= "submit"  value="按钮的值"  name="按钮的名称"/>
```

其中，value 的取值就是显示在按钮上的文字。

按钮创建如例 5-3 所示。

【例 5-3】在例 5-2 基础上增加三个按钮。实现代码如下。

```
<h3>调查表</h3>
<form name="form1" action="Untitled-1.html" target="_blank"  method="get">
 用户名：<input type="text"  name="user"/> <br />
 家庭住址：<input type="text" name="address" /><br />
 密码：<input type="password"  name="password"/><br />
 个人爱好：<input type="checkbox" />旅游<input type="checkbox" />打游戏<input
type="checkbox" />看书<br />
 国籍：<input type="radio" name="s1"/>中国<input type="radio" name="s1"/>
美国<input type="radio" name="s1"/>韩国<br />
 性别：<input type="radio" name="sex" />男<input type="radio" name="sex" />
女<br />
  <input type="submit" value="提交" /> <input type="reset" value="重置"
/><input type="button" value="确定" />
</form>
```

运行效果如图 5-6 所示。

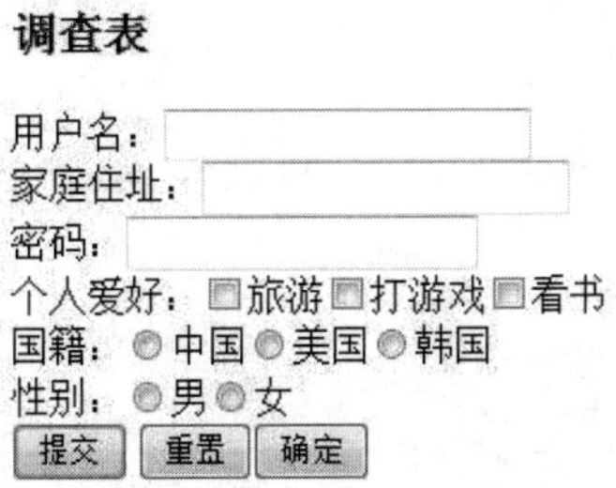

图 5-6　添加按钮后的调查表效果图

5.5　input 标签——图像域、隐藏域以及文件域

1. 图像域

我们在制作网页时，有时发现按钮的外观很单调，甚至感觉到按钮破坏了整体的设计。这时，可以使用图像域创建一个带有图片效果的"提交"按钮。因此，图像域是指用在"提交"按钮位置的图像，使得该图像具有"提交"按钮的功能。图像域创建的语法格式如下：

```
<input type="image" name="图像域的名称" sec="图像的路径"/>
```

其中，图像的路径可以是绝对路径，也可以是相对路径。

2. 隐藏域

隐藏域在页面中用户是看不到的。使用隐藏域的目的是收集和发送信息，以便于被表单的处理程序所使用。提交表单时，隐藏域的值一块被发送给服务器端。在表单中可以根据需要使用任意隐藏域。隐藏域创建的语法格式如下：

```
<input type="hidden" name="隐藏域的名称" value= "隐藏域的值"/>
```

3. 文件域

我们平时在网站上经常用到上传照片或文件的功能。上传文件的控件就是文件域，它是由一个文本框和一个"浏览"按钮组合而成的，用来选择电脑中的本地文件。文件域创建的语法格式如下：

```
<input type="file" name="文件域的名称"/>
```

使用文件域上传文件时，一定别忘记设置 form 表单信息提交的编码方式为 enctype="multipart/form-data"。在表单中添加文件域的代码如下：

```
你的靓照: <input type="file" name="fileName"/>
```

5.6　列表、文本区

1. 下拉列表

下拉列表在正常状态下会显示成下拉选项状态，单击下拉按钮后才会看到全部选项。下拉列表创建的语法格式如下：

```
<select name="下拉列表的名称">
<option value="选项值 1" selected>选项 1 显示内容</option>
<option value="选项值 2">选项 2 显示内容</option>
…
```

```
</select>
```

其中，选项值是提交给服务器的值，而选项显示内容才是真正在页面中要显示的。selected 表示此选项在默认状态下是被选中的。selected 在下拉列表中只能有一个，因为一个下拉列表中只能有一个选项被选中。创建下拉列表的代码如下：

```
<select  name="citiles">
<option  value="beijing" selected>北京</ option>
<option  value="shanghai" >上海</ option>
<option  value="guangzhou" >广州</ option>
<option  value="shenzhen">深圳</ option>
</select>
```

运行效果如图 5-7 所示。

图 5-7 在网页中创建下拉列表效果图

2. 列表

列表和下拉列表的实现形式是一样的，只是外观上不太一样。列表在页面中可以显示多条信息，一旦超出这些信息，在列表右侧就会出现滚动条，拖动滚动条可以看到所有的选项内容。列表创建的语法格式如下：

```
<select  name="滚动列表的名称"  size="显示的项数"  multiple>
<option  value="选项值 1"  selected>选项 1 显示内容</ option>
<option  value="选项值 2" >选项 2 显示内容</ option>
…
</select>
```

其中，size 用来设定列表在页面中最多显示的项数，当超出这个值时就会出现滚动条。multiple 表示滚动列表可以进行多项选择。选项值是提交给服务器的值，而选项显示内容才是真正在页面中要显示的。selected 表示此选项在默认状态下是选中的。在网页中创建列表的代码如下：

```
<select  name="cities"  size="2"  mutiple>
<option  value="beijing" selected>北京</ option>
<option  value="shanghai" >上海</ option>
<option  value="guangzhou">广州</ option>
```

```
<option value="shenzhen" >深圳</ option>
</select>
```

运行效果如图 5-8 所示。

图 5-8　在网页中创建列表的效果图

3. 文本区

当用户需要输入多行列文本时，就应该使用文本区，而不是文本框了。文本区和其他表单控件不一样，它使用的是 textarea 标记而不是 input 标记。文本区创建的语法格式如下：

```
<textarea name="文本区的名称" cols="列数" rows="行数"></textarea>
```

其中，cols 用于设定文本区的列数，也就是其宽度；rows 用于设定文本区的行数，也就是高度值，当文本区的内容超出这一范围时就会出现滚动条。

5.7　新的 HTML 5 输入控件属性

本节将介绍新的 HTML 5 <input>类型属性以及一些新特性。这些特性不仅可以改善用户体验，还可以使用户摆脱编写大量 JavaScript 代码的烦恼。包括 IE 10 在内，所有主流浏览器的最新版本对这些元素及特性都提供了支持。浏览器会将任何未知类型的<input>元素以 text 类型对待。

使用旧浏览器时需要"填平剂"(polyfill)解决方案。"填平剂"是一些小的库，通常用 JavaScript 编写，用于在旧浏览器中提供对新特性的支持。新的<input>类型值包括 tel、url、email、date 以及 color。

HTML 5 中输入控件的其他新特性与新输入控件相同，这些新特性以浏览器提供的控件，取代 Web 上常见的交互与编程模式。在使用新输入控件时，要假定使用旧浏览器的用户可能会直接以文本形式填写答案，因此应该在服务器端准备好处理这类输入。而在使用这些新特性提供的功能时，如表单校验，对于使用旧浏览器的用户来说，需要使用 JavaScript 或其他技术来提供支持。

1. 使用 placeholder 属性提供实例输入

对于 Web 设计人员来讲，最令人兴奋的就是 placeholder 属性了。该属性给出一些提示信息告诉用户输入框的作用。当输入框为空的时候，提示信息存在；当用户输入数据时，提示信息消失。placeholder 属性创建代码如下：

```
<input type="text" name="use" placeholder="输入姓名" />
```

2. 使用 required 属性确保提供信息

使用 required 属性确保表单必填字段中具有内容后，表单才可以提交。

required 属性规定输入不能为空。它代替了以前用 JavaScript 实现的表单验证，提高了可用性且节省了开发时间。required 也是一个布尔特性。required 属性实现代码如下：

```
<input type="text" name="use" required="required" />
```

3. 使用 autofocus 自动获得输入焦点

添加 autofocus 属性的 input 字段会在页面渲染时自动获得焦点。与 placeholder 属性一样，autofocus 也是以前需要使用 JavaScript 才能实现的特性。所有现代浏览器均支持 autofocus，不支持该特性的浏览器会直接忽略它，autofocus 属性实现代码如下：

```
<input type="text" name="use" autofocus="autofocus" />
```

> **注意**
>
> 一些新的 HTML 5 表单属性是布尔特性，这意味着这些属性是根据它们是否存在而设置的。它们在 HTML 5 中可以有以下三种方式。
> - autofocus
> - autofocus=" "
> - autofocus="autofocus"

4. pattern 属性

通常在用户输入数据的时候，有些对数据格式有要求，比如 e-mail 或者 url，它们需要 HTML 5 给出对应的 input 元素。但有时用户需要定义自己的数据格式，这时就不能仅依靠 HTML 5 给出的控件来完成了。

pattern 属性用于验证输入框中用户输入的内容是否与自定义的正则表达式相匹配。该属性允许用户指定一个正则表达式，用户输入的内容必须符合正则表达式指定的规则。如需要输入手机号码，简单的验证为需要输入 11 位数字。pattern 属性实现代码如下。

```
<input type="tel" name="tel" pattern="[0-9]{11}" placeholder="请输入11
位数字"/>
<input type="submit" value="提交" />
```

5. list 属性与 datalist 元素

list 属性让用户能够将一个选项列表与特定的字段关联在一起。list 属性的值必须与同一文档中某个 datalist 元素的 ID 相同。datalist 元素是 HTML 5 中的新成员，表示可用于表单控件的预定义的选项列表，工作方式类似于浏览器的搜索框，能随输入自动完成。datalist 元素实现代码如下：

```
<datalist id="fruit">
  <option>html5</option>
  <option>html5 video</option>
  <option>html5 examples</option>
  <option>html5 canvas</option>
</datalist>
<input type="text" list="fruit" />
```

运行效果如图 5-9 所示。

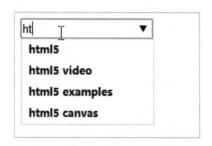

图 5-9 datalist 元素实现效果图

5.8 HTML 5 新增的 input 元素

在 HTML 5 中，新增加了许多新的表单元素，通过使用这些新的元素，可以更好地实现验证功能，简便地实现旧版本 HTML 中一些非常复杂的功能，减少不必要的 JavaScript 代码编写，提升开发效率。

1. e-mail 类型

e-mail 类型在 input 元素是一种专门用于输入电子邮件地址的文本框，在提交表单时会自动验证 email 输入框的值，如果不是规范的 E-mail 地址，则会有错误提示信息，如图 5-10 所示。在旧版本 HTML 中必须使用 JavaScript 和正则表达式来验证，而 HTML 5 提供 e-mail 元素几乎可以不用编写任何代码就能实现相同的功能。e-mail 类型实现代码如下。

```
<form>
  <input type="email" name="email" /><br />
  <input type="submit" value="验证" />
</form>
```

2. url 类型

在 HTML 5 中新增的 url 类型 input 元素用于输入 URL 地址的特殊文本域。当单击提交按钮时，如果用户输入的 URL 地址格式合法，网页将 URL 提交到服务器，如果不合法，则显示错误信息并且不提交，运行效果如图 5-11 所示。实现代码如下：

```
<form>
 <input type="url" name="url" /><br />
 <input type="submit" value="验证" />
</form>
```

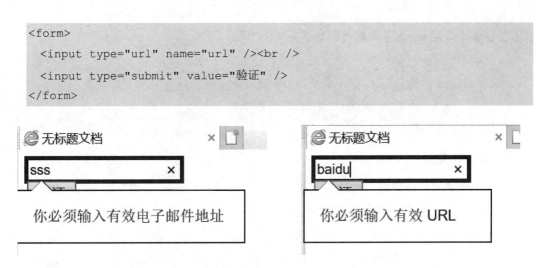

图 5-10　使用 e-mail 类型输入错误 E-mail 地址　　图 5-11　使用 url 类型输入错误 URL 地址

3. number 类型

在网站中经常遇到需要输入数字的情况，比如输入用户的年龄、销售额、成本等信息，这些数字有些是整数，有些是小数，有些是按照一定数值增减。如果要满足这些要求，使用 JavaScript 代码验证，将非常复杂。HTML 5 新增的 number 类型很好地解决了这一问题。input 元素的 number 类型用于输入数字的文本框，同时还可以设置限制的数字，包括符合要求的最大值、最小值、默认值和每次增加或减少的数字间隔。如果输入的数字不在限定范围内，则会出现如图 5-12 所示的提示。

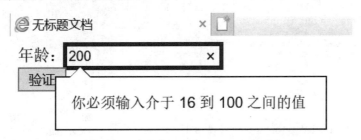

图 5-12　在 number 类型中输入错误数字验证

number 类型的属性如表 5-1 所示。

表 5-1　number 类型属性表

属　性	说　明
value	规定的默认值
max	符合要求的最大值
min	符合要求的最小值
step	每次递增或递减的数值，可以是整数，也可以是小数

在表单中添加 number 类型代码如下:

```
<form>
年龄: <input type="number" min="16" max="100"/><br />
  <input type="submit" value="验证" />
</form>
```

4. search 类型

search 类型用于搜索域,比如站点搜索或 Google 搜索。search 类型实现代码如下:

```
<form>
 <input type="search" name="search"/>
  <input type="submit" value="搜索" />
</form>
```

5. Date pickers 类型

Date pickers 又被称为日期选择器,是网页中常用的日期控件,用于某些需要用户输入日期的情况,如生日、注册时间等。用户可以直接向输入框中输入内容,也可以单击输入框之后的按钮进行选择。Date pickers 类型实现代码如下:

```
<form>
 Data:
 <input type="date" name="date"/> 
 <input type="month" name="data"/><br>
  <input type="submit" value="提交" />
</form>
```

运行效果如图 5-13 所示。

图 5-13   在网页中添加 Date pickers 类型日期效果图

5.9 小型案例实训

下面通过综合案例来实现表单元素创建用户信息调查表，实现代码如下：

```
<h2>用户信息调查表</h2>
<form name="form1" action="Untitled-1.html" target="_blank"
method="post">
  用户名：<input type="text" name="user" value="请输入英文"/> <br />
  年 龄：<input type="number" name="age" min="16" max="100" /><br />
  出生日期：<input type="date" name="birthday" /><br />
  电子邮箱：<input type="email" name="myemail" /><br />
  电话号码：<input type="tel" name="tel" pattern="[0-9]{11}"
placeholder="请输入 11 位数字"/><br />
  密码：<input type="password" name="password"/><br />
  个人爱好：<input type="checkbox" checked="checked" />旅游<input
type="checkbox" />打游戏<input type="checkbox" />看书<br />
  国籍：<input type="radio" name="s1" checked="checked"/>中国<input
type="radio" name="s1"/>美国<input type="radio" name="s1"/>韩国<br />
  性别：<input type="radio" name="sex" />男<input type="radio" name="sex" />
女<br />
  所在城市：<select>
        <option>湖南省</option>
        <option>河南省</option>
        <option>四川省</option>
        <option>江西省</option>
        <option>陕西省</option>
  </select>省
  <select>
        <option>长沙</option>
        <option>郑州</option>
        <option>南昌</option>
        <option>成都</option>
        <option>武汉</option>
  </select>市
  <br />
  <input type="file" /><br />
  <input type="hidden" value=""/>
  <br />
  请留意：<br />
```

```
 <textarea cols="50" rows="10">
 </textarea><br />
 <input type="submit" value="提交"/> <input type="reset" value="重置"
/><input type="button" value="关闭" /><br />
 </form>
```

案例运行效果如图 5-14 所示。

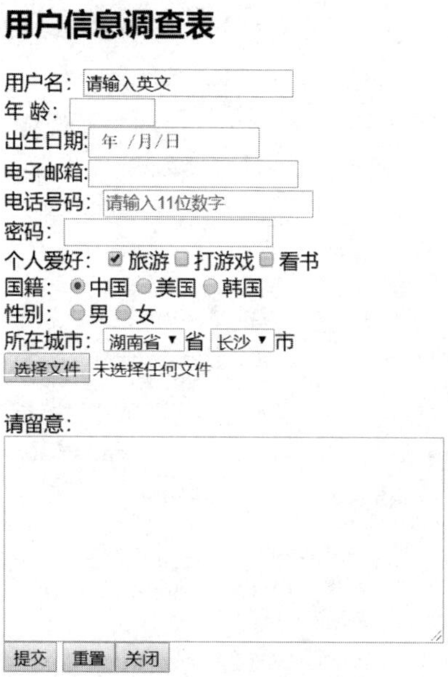

用户信息调查表

用户名: 请输入英文
年 龄:
出生日期: 年 /月/日
电子邮箱:
电话号码: 请输入11位数字
密码:
个人爱好: ☑旅游 □打游戏 □看书
国籍: ◉中国 ○美国 ○韩国
性别: ○男 ○女
所在城市: 湖南省▼省 长沙▼市
选择文件 未选择任何文件

请留意:

提交 重置 关闭

图 5-14 案例效果图

习 题

一、单选题

1. 下列哪一项表示的不是按钮? ( )

    A. type="submit"   B. type="reset"

    C. type="image"   D. type="button"

2. 若要产生一个 4 行 30 列的多行文本域, 以下方法中正确的是( )。

    A. <input   type="text"   rows="4" cols="30" name="txtintrol">

    B. <textarea   rows="4"   cols="30"   name="txtintrol">

    C. <textarea   rows="4"   cols="30"   name="txtintrol"></textarea>

    D. <textarea   rows="30"   cols="4"   name="txtintrol"></textarea>

3. 用于设置文本框显示宽度的属性是( )。

    A. size   B. maxlength   C. value   D. length

4. 下列对表单的说法错误的是(　　)。

    A. 表单在 Web 页面中用来给访问者填写信息，从而能采集客户端信息，使页面具有交换信息的功能

    B. 当用户填写完信息后单击普通按钮做提交操作

    C. 一个表单用<form></form>标记来创建

    D. action 属性的值是指处理程序的程序名(包括网络路径、网址或相对路径)

5. 下列说法错误的是(　　)。

    A. 在 HTML 中，标记<input>具有重要的地位，它能够将浏览器中的控件加载到 HTML 文档中。该标记既有开始标记，又有结束标记

    B. <input　type="text">是设定一个单行的文本输入区域

    C. size 属性指定控件宽度，表示该文本输入框所能显示的最大字符数

    D. maxlength 属性表示该文本输入框允许用户输入的最大字符数

6. 下列说法错误的是(　　)。

    A. < input　type="checkbox"　checked>，其中 checked 属性用来设置该复选框默认时是否被选择

    B. <input　type="hidden">表示一个隐藏区域。用户可以在其中输入某些要传送的信息

    C. <input　type="password">表示这是个密码区域。当用户输入密码时，区域内将会显示"*"号

    D. <input　type="radio">表示这是一个单选按钮

二、上机题

使用表格布局对表单进行排版，效果如图 5-15 所示。

图 5-15　使用表格布局对表单排版效果

第 6 章　层叠样式表

本章要点

(1) CSS 的概念;

(2) CSS 的使用;

(3) CSS 的插入;

(4) 运用 CSS 设置网页效果。

学习目标

(1) 理解 CSS 概念;

(2) 掌握 CSS 语法;

(3) 掌握 CSS 应用;

(4) 掌握基本常用 CSS 属性。

6.1　层叠样式表(CSS)简介

6.1.1　CSS 与 HTML

CSS(Cascading Style Sheet)一般翻译为"层叠样式表"或"级联样式表",它是由 W3C 协会制定并发布的一个网页版式标准,是对 HTML 功能的补充。主要的用途是对网页中字体、颜色、背景、图像及其他各种元素进行控制,使网页能够完全按照设计者的要求来显示。CSS 语言是一个用于网页排版的标记性语言。

在 HTML 中可以直接编写 CSS 代码,CSS 能帮助用户对页面的布局加以更多的控制。CSS 可以控制网页字体变化和大小。CSS 弥补了 HTML 对网页格式化方面的不足,起到排版定位的作用。

简单地说,HTML 是超文本语言,我们看到的网页不管是 jsp、asp.aspx,最终都是要解析成 html 的,但是由于 html 最初只作了标题、正文、颜色和字体等修饰,主要是为了记事的作用,对美化没费多大力气,为了弥补美化的不足推出了 CSS。

6.1.2　CSS 的版本

网页设计最初是用 HTML 标记来定义页面文档及格式,例如标题<h1>、段落<p>、表格<table>、链接<a>等,但这些标记不能满足更多的文档样式需求,为了解决这个问题,1997

年 W3C(The World Wide Web Consortium)颁布 HTML 4 标准的同时也公布了有关样式表的第一个标准 CSS 1；自 CSS 1 之后，又在 1998 年 5 月发布了 CSS 2 版本，样式表得到了更多的充实。W3C 把 DHTML(Dynamic HTML)分为三个部分来实现：脚本语言(包括 JavaScript、VbScript 等)、支持动态效果的浏览器(包括 Internet Explorer、Netscape Navigator 等)和 CSS 样式表。可以用 CSS 精确地控制页面里每一个元素的字体样式、背景、排列方式、区域尺寸、四周加入边框等。使用 CSS 能够简化网页的格式代码，加快下载显示的速度，外部链接样式可以同时定义多个页面，大大减少了重复劳动的工作量。

注意：CSS 需要 IE 4(Internet Explorer 4.0)和 NC 4(Netscape 4.0)以上的浏览器支持，而 CSS 3 则需要 IE 9 以及以上版本。

6.1.3 传统 HTML 的缺点、CSS 的优势

1. 传统 HTML 的缺点

HTML 标记是用来定义文档内容，如通过 h1、p、table 等标记来设置标题、段落、表格等内容。但是要使用标记实现页面美工、页面布局等外观效果是很困难的。

传统的 HTML 的缺点主要体现在以下几个方面。

1) 维护困难

为了修改某个特殊标记的格式，需要花费很多时间，尤其对于整个网站而言，后期的修改和维护的成本很高。

2) 标记不足

HTML 自身的标记并不丰富，很多标记都是为网页内容服务的，而关于外观设置的标记，如文字间距、段落缩进等在 HTML 中都很难找到。

3) 网页过"胖"

由于对各种风格样式没有统一进行控制，用 HTML 编写的页面往往体积过大，占用了很多宝贵的带宽。

4) 定位困难

在整体页面布局时，HTML 对于各个模块的位置调整显得捉襟见肘。

2. CSS 的优势

CSS 可以称得上 Web 设计领域的一个突破，它的诞生使网站开发者如鱼得水。其具体优势如下。

1) 表现和内容分离

CSS 通过定义 HTML 标记如何显示控制网页的格式，使内容和样式分离，使得网页设计趋于明了、简洁。

2) 增强网页的表现力

弥补 HTML 对标记属性控制的不足，如：背景图像重复的控制和标题大小的控制等。

在 HTML 中可控制的标题仅有 7 级，即 h1～h7，而利用 CSS 可以任意设置标题大小、精确控制网页布局，如设置行间距、字间距、段落缩进和图片定位等属性。

3) 提高网页效率

因为多个网页同时应用一个 CSS 样式，既减少了代码的下载，又提高了浏览器的浏览速度和网页的更新速度。网页的内容已定，如果对 CSS 样式不满意，可以随便修改，丝毫不会对内容有影响，而且这个 CSS 样式，也可以同时用到多个网页内容上。

CSS 还有好多特殊功能，如用鼠标指针属性控制鼠标指针的形状和用滤镜属性控制图片的特效等。

6.2 CSS 的语法

6.2.1 基本语法规则

CSS 语法包括三部分：选择符、样式属性和属性值。语法格式如下：

```
selector {property: value;  property: value;  ……property: value; }
```

说明：语法中 selector 代表选择符，property 代表属性，value 代表属性的值。选择符包括多种形式，在利用 CSS 语法给它们定义属性和值时，其中属性和值要用冒号隔开。

例如: body {color: red}　　　01 此例的效果是页面文字为红色。

6.2.2 选择器分类

1. HTML 选择符

HTML 选择符的名称为 HTML 的元素名，会影响页面中所有的同名元素(区分大小写)。如希望页面中所有的段落文本为红色，HTML 选择符实现代码如下：

```
p{ color:red; }
```

2. 类选择符

类选择符的名称以符号"."开头，会影响页面中所有 class 属性值相同的元素。用类选择符可以把相同的元素分类定义成不同的样式。类选择符实现代码如下：

```
.red{ color:red; }
<p class="red">
```

3. ID 选择符

ID 选择符的名称以符号#开头，会影响页面中 id 属性值相同的元素(区分大小写，且 id 属性值应该是唯一的)。ID 选择符的实现代码如下：

```
#blue{ color:red; }
<p id="blue">
```

4. 包含选择符

包含选择符是对某种元素是包含关系定义的样式(如元素 1 里包含元素 2)。这种方式只对在元素 1 里的元素 2 起作用，对单独的元素 1 或元素 2 无效果。包含选择符的实现代码如下：

```
#nav  ul{ font-size:14px; }
```

5. CSS 3 组合选择符

CSS 3 组合选择符包括各种简单选择符的组合方式。这里介绍四种在 CSS 3 中常用的组合方式。

◎ 后代选择器(以空格分隔)。
◎ 子元素选择器(以>分隔)。
◎ 相邻兄弟选择器(以+分隔)。
◎ 普通兄弟选择器(以～分隔)。

1) 后代选择器

后代选择器使用空格来连接前后两个选择器。后代选择器又称为包含选择器，是指只要是当前标签里面的任意一个标签都行。在后代选择器中，规则左边的选择器一端包括两个或多个用空格分隔的选择器，但是要求必须从右向左读选择器。

如希望设置 ul 内部的 li 属性，则选择符可设置为 ul li，后代选择器实现代码如下。

```
<title>无标题文档</title>
<style>
ul li{ color:red;}
</style>
</head>
<body>
<ul>
<li><a href="#">首页</a></li>
<li><a href="#">文章</a></li>
<li><a href="#">参考</a></li>
</ul>
</body>
```

上述代码会将三个 li 中文字字体颜色都设置为红色。

2) 子元素选择器

子元素选择器使用大于号 ">" 来连接前后两个选择器。子元素选择器主要用来选择某

HTML 5+CSS 3 网页设计教程

个元素的第一级子元素。例如希望选择只作为 h1 元素的子元素 strong 元素，则选择符可设置为 h1>strong，子元素选择器实现代码如下：

```
<style>
h1 > strong {color:red;}
</style>
</head>
<body>
<h1>This is <strong>very</strong> <strong>very</strong> important.</h1>
<h1>This is <em>really <strong>very</strong></em> important.</h1>
</body>
```

注意

子元素选择器两边可以有空白符，这是可选的。如：h1 >strong，h1>　strong，h1　>　strong 都是可以的。

3) 相邻兄弟选择器

兄弟选择器用来选择与某元素位于同一个父元素之中的兄弟元素，且只能选择两个相邻兄弟中的第二个元素。兄弟选择器分为相邻兄弟选择器和普通兄弟选择器。

相邻兄弟选择器使用加号+来连接前后两个选择器。选择器中的两个元素有同一个父亲，且第二个元素必须紧跟第一个元素。相邻兄弟选择器实现代码如下：

```
<style>
li + li {font-weight:bold; color:#F00}
</style>
</head>
<body>
<div>
  <ul>
    <li>List item 1</li>
    <li>List item 2</li>
    <li>List item 3</li>
  </ul>
  <ol>
    <li>List item 1</li>
    <li>List item 2</li>
    <li>List item 3</li>
  </ol>
</div>
</body>
```

上述代码中相邻兄弟选择器只会把列表中的第二个和第三个列表项变为粗体，第一个列表项不受影响。

> **注意**
>
> 兄弟只会影响下面的 p 标签的样式，不影响上面兄弟的样式。

4) 普通兄弟选择器

普通兄弟选择器使用"～"来连接前后两个选择器，作用是查找某一个指定元素的后面的所有兄弟节点。选择器中两个元素有同一个父亲，但第二个元素不必紧跟第一个元素。普通兄弟选择器实现代码如下：

```
<style>
   h1 ~ p{ color:red; }
</style>
</head>
<body>
<div>
   <p>1</p>
   <h1>2</h1>
   <p>3</p>
   <p>4</p>
   <p>5</p>
</div>
</body>
```

上述代码中从 h1 后面所有的 p 中的字体颜色都变为红色。普通兄弟选择器的作用是查找某一个指定元素的后面的所有兄弟节点。

6. 伪类

伪类是一系列特殊的选择符，可用来描述超链接的不同状态。依据超链接的 4 个状态如下。

◎ a:link：用于修饰尚未单击过的超链接。

◎ a:hover：用于修饰鼠标指针悬停在超链接上的超链接。

◎ a:active：用于修饰鼠标单击与释放之间的超链接效果。

◎ a:visited：用于修饰已访问过的超链接。

7. 选择符的优先级

在应用选择符的过程中，可能会遇到同一个元素由不同选择符定义的情况，这时候就要考虑到选择符的优先级。通常我们使用的选择符包括 id 选择符、类选择符、包含选择符和 HTML 标记选择符等。因为 id 选择符是最后被加到元素上的，所以优先级最高，其次是类选择符。语法主要用来提升样式规则的应用优先级。

6.2.3 样式的引用方式

插入 CSS 样式表到 HTML 文件有 3 种方法，分别是：外部样式表、内部样式表、嵌入样式表。但是在引用这些方法将 CSS 加载到 HTML 文件中所放的位置是不同的，分别如下。

(1) CSS 文件定义在 HTML 文件的外部：链接外部样式表，导入外部样式表。

(2) CSS 文件定义在 HTML 文件头部：内部样式表。

(3) CSS 文件定义在 HTML 文件的标记内：嵌入样式表。

1. 外部样式表

外部样式表要先把样式表保存为一个独立的文件，然后在 HTML 文件中使用<link>标签或@import 声明来放入 head 内。

1) 链接外部样式表

链接外部样式表的语法格式如下：

```
<head>
    …
    <link rel="stylesheet " type="text/css" href="样式表文件的地址 "/>
    </head>
```

说明：

◎ rel= " stylesheet " 是指在 HTML 文件中使用的是外部样式表。

◎ type= " text/css " 指明该文件的类型是样式表文件。

◎ href 中的样式表文件地址，可以为绝对地址或相对地址。

◎ 外部样式表文件中不能含有任何 HTML 标记，如<head>或<style>等。

CSS 文件要和 HTML 文件一起发布到服务器上，这样在用浏览器打开网页时，浏览器会按照该 HTML 网页所链接的外部样式表来显示其风格。实现代码如下：

```
<link rel="stylesheet " type="text/css"  href="mystle.css" />
```

一个外部样式表文件可以应用于多个 HTML 文件。当改变这个样式表文件时，所有网页的样式都随之改变。因此常用在制作大量相同样式的网页中，因为使用这种方法不仅能减少重复工作量，而且方便以后的修改和编辑，有利于站点的维护。同时在浏览网页时一次性将样式表文件下载，减少了代码的重复下载。

2) 导入外部样式表

导入外部样式表是指在样式表的<style>区域内引用一个外部样式表文件，和链接外部样式表相似，需要放在<head>内。语法格式如下：

```
    <head>
    <style type="text/css">
```

```
    @import  url(外部样式表文件地址);
    …
    </style>
    …
    </head>
```

说明：

◎ @import 语句后面的"；"是不可省略的。

◎ 外部样式表文件扩展名必须为.css。

　　在使用中，某些浏览器可能会不支持导入外部样式表的@import 声明。所以此方法不经常用到。

2. 内部样式表

内部样式表是通过<style>标记把样式表的内容直接定义在 HTML 文件的<head>内。语法格式如下：

```
    <head>
    <style type="text/css">
    <!--
    选择符{样式属性:取值;样式属性:取值;…}
    选择符{样式属性:取值;样式属性:取值;…}
    ……
    -->
    </style>
    </head>
```

内部样式只对所在的网页有效，实现代码如下：

```
  <head>
  <style type="text/css">
    h2{
        font-size:36px; color:red;
}
</style>
    </head>
```

3. 嵌入样式表

嵌入样式表是在 HTML 标记中直接加入样式的方法，所以用这种方法可以直观地对某个元素直接定义样式。语法格式如下：

```
<body>
    …
    <HTML 标记 style=" 样式属性:取值;样式属性:取值;… " >
    …
</body>
```

说明：

◎　HTML 标记就是页面中标记 HTML 元素的标记，例如 body、p 等。

◎　style 参数后面引号中的内容就相当于样式表大括号里的内容。需要指出的是，style
参数可以应用于 HTML 文件中的 body 标记，以及除了 basefont、param 和 script
之外的任意元素。

◎　用这种方法定义的样式，其效果只能控制某个标记。所以比较适用于指定网页中
某小段文字的显示风格，或某个元素的样式。

内嵌样式只对所在的标记有效，实现代码如下：

```
<p style="font-size:28px; color:red; ">这里定义的样式是字体 28px，字体颜色为红
色</p>
```

> **注意**
>
> 　　当上述 3 种方法同时使用时，浏览器会选择哪种方法来解析执行呢？ 3 种方法中
> 优先级最高的是嵌入样式表方法，其次是内部样式表，然后是外部样式表，可见是影
> 响范围越小的优先级越高。如果多种样式之间没有冲突，则是可以互相叠加的。

6.2.4　选择器的命名规则

选择器的命名规则如下。

◎　不要包含特殊符号，如+、−、'、"、*、\等。

◎　HTML 选择器命名和 HTML 标签一样最好使用小写字母。

◎　采用英文单词或组合方法较好。

◎　无论采用什么命令，风格要统一。

6.3　CSS 属性值中的单位

设置 CSS 属性的单位较多，从长度单位到颜色单位，再到 URL 地址等。CSS 单位的取
舍取决于用户的显示器和浏览器，不恰当地使用单位会给页面布局带来很多麻烦，因此属
性值的单位需要合理使用。

6.3.1 绝对单位

绝对单位在网页中很少使用,一般用在传统平面印刷中,但在特殊场合使用绝对单位很有必要。绝对单位包括英寸、厘米、毫米、磅和pica(皮卡)。

(1) 英寸(in):使用最广泛的长度单位(1in=2.54cm)。

(2) 厘米(cm):生活中常用的长度单位。

(3) 毫米(mm):在研究领域使用较多。

(4) 磅(pt):在 CSS 中常用来设置字体大小,12 磅的字体等于 1/6in 大小。

(5) pica(pc):在印刷领域使用较多,1pc=12pt。

6.3.2 相对单位

相对单位与绝对单位相比,显示大小不是固定的。相对单位在 CSS 中使用较多,它所设置的对象受屏幕分辨率、浏览器设置等相关元素的影响。CSS 属性值常用的相对单位有 em、ex、px、%。

(1) em:表示元素的字体高度,它能够根据字体的 font-size 属性值来确定单位的大小,如:p{ font-size:24px; line-height:2em; }代码中设置字体大小为 24px,行高为 2em,即是字体大小的 2 倍,所以行高为 48px。如果 font-size 的单位为 em,则 em 的值将根据父元素的 font-size 属性值来确定。

(2) ex:表示使用的字体中小写字母 X 的高度作为参考。在实际使用中,浏览器将通过 em 的值除以 2 得到 ex 的值。

(3) px:表示根据屏幕像素点来确定,这样不同的显示分辨率就会使相同取值的像素单位所显示出来的效果截然不同。在实际设计中,建议 Web 前端使用相对单位 em,且在某一类型的单位上使用统一的单位。如在网站中可以统一使用 px 或 em。

(4) %:百分比也是一个相对单位值。百分比的值总是通过另一个值来进行计算,一般参考父元素中相同属性的值。如,父元素宽度为 200px,子元素的宽度为 50%,则子元素实际宽度为 100px。

6.4 常用 CSS 属性介绍

6.4.1 设置字体属性

为了更方便地控制网页中各种各样的字体,CSS 提供了一系列字体样式属性,如表 6-1 所示。CSS 3 还新增了@font-face 属性用于设置电脑中未安装的字体样式。

表6-1　字体相关属性及作用

属 性 名	作 用
font-family	设置字体类型
font-size	设置字体大小
font-style	设置字体样式
font-weight	设置字体粗体
color	字体颜色
text-decoration	字体修饰
@font-face	定义服务器字体

1．字体(font-family)设置

font-family 属性指文本的字体类型，例如宋体、楷体、隶书、Times New Roman 等，用于改变网页中文本的字体。在 CSS 中，有两种不同类型的字体系列名称。

(1) 通用字体系列：拥有相似外观的字体系列组合。包括 5 种通用字体系列，分别是 Serif 字体、Sans-serif 字体、Monospace 字体、Cursive 字体和 Fantasy 字体系列。

(2) 特定字体系列：具体的字体系列，如 Times 或 Courier。

font-family 属性的语法格式如下：

```
font-family:"字体1","字体2","字体3";
```

浏览器不支持第一个字体时，会采用第二个字体，以此类推。如果浏览器不支持定义的字体，则采用系统的默认字体。

例如：

```
p{font-family: Arial, 楷体;}
```

2．字号(font-size)设置

font-size 属性用于修改字体大小，语法格式如下：

```
font-size:取值
```

取值范围如下。

(1) 数值 | 百分比。

(2) 绝对大小：xx-small | x-small | small | medium | large | x-large | xx-large。

(3) 相对大小：larger | smaller。

用数值表示的字体大小由浮点数和单位标识组成；百分比取值是基于父对象中字体的尺寸；绝对大小按对象字体调节；相对大小是相对父对象中的字体尺寸进行相对调节。

> **注意**
>
> 如果没有规定字体大小，普通文本(如段落)的默认大小是 16 像素(16px=1em)。W3C 推荐使用 em 来定义文本大小，1em 等于当前的字体尺寸，即 1em 就等于 16 像素。

3. 字体风格(font-style)设置

font-style 属性用来设置字体样式。

语法:

```
font-style: normal | italic | oblique | inherit
```

normal(默认值)是以正常方式显示的；italic 表示显示样式为斜体；oblique 属于中间状态，以倾斜样式显示(通常情况下，italic 和 oblique 文本在浏览器中看上去完全一样)；inherit 指从父元素继承字体样式。

4. 加粗字体(font-weight)

font-weight 用于设置字体粗细的程度。

语法:

```
font-weight: normal | bold | bolder | lighter | number
```

normal(默认值)是正常粗细；bold 是将文本设置为粗体；bolder 表示特粗体；lighter 表示特细体；number 取值范围为 100～900，一般情况下都是整百的数，400 等价于 normal，700 等价于 bold。

5. 字体变形(font-variant)

font-variant 属性用来将英文字体设置为小型的大写字母。小型大写字母不是一般的大写字母，也不是小写字母，而是采用不同大小的大写字母。

语法:

```
font-variant: normal | small-caps
```

normal(默认值)显示正常字体；small-caps 将英文显示为小型大写字母。

6. 字体复合属性(font)

font 是复合属性，包括多种属性，如字体、字号、粗细等，属性值之间用空格分隔，不分先后顺序。使用复合属性是为了简写代码。

语法:

```
font: font-family font-style font-size line-height ...;
```

7. 文本颜色(color)

color 属性用于设置文本的颜色。在 HTML 文档中，文本颜色统一用 RGB 模式显示，每种颜色都由红、绿、蓝三种颜色按不同的比例组成。

语法：

```
color:颜色值;
```

常用颜色值的格式如下。

(1) 颜色值可以是颜色的英文名称，如 blue。

(2) 6 位或 3 位十六进制数，如#fff000、#ccc。

(3) 3 位十进制数(0～255 的整数)，如 rgb(255，0，0)。

(4) 百分比，如 rgb(80%，0，0)。

8．文字修饰(text-decoration)

text-decoration 属性主要是对文本进行修饰，有多种修饰效果，如下划线、删除线等。

语法：

```
text-decoration: none | underline | overline | line-through | blink
```

none(默认值)对文本不进行修饰；underline 对文本加下划线；overline 对文本加上划线；line-through 在文本上加删除线；blink 让文本有闪烁效果，但只有在 Netscape 浏览器中这一属性才生效。

【例 6-1】字体属性综合设置。CSS 代码如下：

```
<style>
 h1{font: italic bold 300%/30px 楷体,sans-serif;}
 p.serif{font-family:"Times New Roman",Georgia,Serif;
   font-size:28px;
   font-style:italic;
   font-weight:bold;}
 p.sansserif{font-family:Arial,Verdana,Sans-serif;
   font-style:oblique;
   font-variant:small-caps;
   font-weight:200;}
</style>
```

HTML 代码如下：

```
<h1>CSS 字体属性</h1>
<p class="serif">This is a paragraph, shown in the Times New Roman font.
</p>
<p class="sansserif">This is a paragraph, shown in the Arial font.</p>
```

保存后，浏览效果如图 6-1 所示。

图 6-1　设置字体属性

代码中 h1{font: italic bold 300%/30px 楷体, sans-serif;}表示设置<h1>标记的字体为斜体和粗体的楷体，大小为 300%，行高为 30px。

6.4.2　CSS 3 新增的字体属性

在 CSS 3 之前，Web 开发人员必须使用已在用户计算机上安装好的字体。但通过 CSS 3，开发人员在设计网页时可以使用自己喜欢的任意字体，先将这些字体文件存放在 Web 服务器上，然后会在需要时自动下载到用户的计算机上。需要字体时，需在 CSS 3 @font-face 规则中定义。

在@font-face 规则中，首先定义字体的名称，再指向该字体文件。例如：

```
<style>
@font-face{
    font-family:myFirstFont;
    src:url('Sansation_Light.ttf'),
url('Sansation_Light.eot'); /* IE9+ */
   }
div{font-family:myFirstFont;}
</style>
```

该例中，font-family 属性指定字体名称为 myFirstFont，src 设置为自定义字体的相对路径或绝对路径。在<div>元素中，通过 font-family 属性来引用字体的名称。

6.4.3　背景属性

background 是 CSS 背景属性，可以设置背景色、背景图、图片是否重复、背景图定位等效果。通常建议直接使用这个属性，而不是分别使用单个属性，因为这个属性在较老的浏览器中能够得到更好的支持，而且需要输入的字母也更少。背景属性具体如表 6-2 至表 6-4 所示。

表 6-2　背景属性作用

属 性 名	作 用
background-color	设置背景色
background-image	设置背景图
background-repeat	设置重复背景
background-attachment	设置背景图片的移动方式
background-position	设置背景图的位置

表 6-3　background-repeat 属性取值说明

属性的取值	说 明
repeat	背景图片在水平和垂直方向平铺(默认值)
repeat-x	背景图片在水平方向平铺
repeat-y	背景图片在垂直方向平铺
no-repeat	背景图片不平铺

表 6-4　background-position 属性取值说明

关 键 字	百 分 比	说 明
top left	0%0%	左上位置
top center	50%0%	靠上居中位置
top right	100%0%	右上位置
left center	0%50%	靠左居中位置
center center	50%50%	正中位置
right center	100%50%	靠右居中位置
bottom left	0%100%	左下位置
bottom center	50%100%	靠下居中位置
bottom right	100%100%	右下位置

1. 背景颜色(background-color)

background-color 属性设置背景颜色，与前景颜色 color 设定方法一样，而且也支持多种颜色格式，取值可以是任何合法的颜色值。在不设置任何颜色的情况下是透明色。

语法：

```
background-color: 颜色取值;
```

2. 背景图像(background-image)

background-image 属性用来设置标记的背景图片。

语法：

```
background-image: url(URL)
```

URL 是背景图片的地址，这个地址可以是相对地址，也可以是绝对地址。

在设定背景图像时，最好同时也设定背景色，这样，当背景图片无法正常显示时，可以使用背景色代替。如果正常显示，背景图像将覆盖背景色。

3．背景关联(background-attachment)

background-attachment 属性用来设置背景图像是随文档内容滚动还是固定在可视区域内。这个属性与 background-image 一起使用。

语法：

```
background-attachment: scroll | fixed
```

scroll(默认值)表示背景图像随文档内容滚动；fixed 表示背景图像固定在页面上静止不动，只有其他内容随滚动条滚动。

例如：

```
body{background-image:url(images/1.jpg); background-attachment:fixed;}
```

当 background-attachment 属性取值为 fixed 时，可实现水印效果。

4．背景图像重复(background-repeat)

background-repeat 属性设置图片的重复方式，也就是当背景图像比元素的空间小时，将如何显示。其中包括水平重复、垂直重复等。

语法：

```
background-repeat: repeat | no-repeat | repeat-x | repeat-y
```

repeat 表示背景图像在水平垂直方向都平铺；no-repeat 表示背景图像在水平垂直方向都不平铺；repeat-x 为水平方向平铺；repeat-y 为垂直方向平铺。

例如：

```
div{background-image:url(images/5.jpg); background-repeat:repeat-x;}
```

5．背景图片位置(background-position)

background-position 属性设置图像在背景中的位置，这个属性只能应用于块级元素和替换元素。在 HTML 中，替换元素包括 img、input、textarea、select 和 object。

background-position 属性有三种定位方法。

(1) 为图像的左上角指定一个绝对距离，通常以像素为单位。

(2) 可以使用水平和垂直方向的百分比来指定位置。

(3) 可以使用关键字来描述水平和垂直方向的位置。水平方向上的关键字为 left、center 和 right；垂直方向上的关键字为 top、center 和 bottom。在使用关键字时，未指明方向上默认的取值为 center。

语法：

```
background-position: [top | center | bottom] || [left | center | right]
或 [<length> | <百分比>]
```

6. 背景复合属性(background)

background 属性包括了 background-color、background-image、background-attachment、background-repeat、background-position。它们之间用空格连接。

【例 6-2】background 的综合案例设置。代码如下：

```
<style>
    div{height:80px;
        width:80px;
        color:#FFF;
        padding:20px;
        background:url(6-2/logo_w3cn_16x16.gif) #0F0 no-repeat ;
        margin:10px;
        }
    .d1{background-repeat:no-repeat;
        float:left;
        }
    .d2{background-repeat:repeat;
        float:left
        }
</style>

</head>

<body>
 <div class="d1"></div>
    <div class="d2"></div>
</body>
```

保存后，浏览效果如图 6-2 所示。

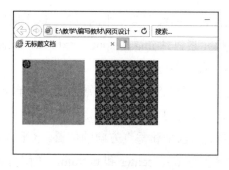

图6-2 设置背景图效果

6.4.4　区块属性

CSS 区块属性可以设置文本的间距及对齐方式，特别是 display：block;可以将元素显示为块级元素。区块元素属性如表 6-5 所示。

表 6-5　区块相关的各属性作用

属 性 名	作 用
text-align	设置文本水平对齐
vertical-align	设置垂直对齐方式
text-indent	设置文本缩进
display	设置框类显示方式

1．水平对齐(text-align)

text-align 属性设置文本行之间的对齐方式，CSS 3 增加了 start、end 和 string 属性。
语法：

```
text-align: left | right | center | justify | start | end | string
```

left 为左对齐；right 为右对齐；center 为居中对齐；justify 为两端对齐；start 为文本向行的开始边缘对齐；end 为文本向行的结束边缘对齐；string 针对的是单个字符的对齐方式。

2．垂直对齐(vertical-align)

vertical-align 属性可以设置一个内部元素的纵向位置，相对于它的上级元素或相对于元素行。内部元素是指前后没有断开的元素。
语法：

```
vertical-align: baseline | sub | super | top | text-top | middle | bottom
| text-bottom
```

baseline 使元素和父元素的基线对齐；sub 为下标；super 为上标；top 使元素与行中最多的元素向上对齐；text-top 使元素与上级元素的字体向上对齐；middle 使元素与上级元素的中部对齐；bottom 使元素的顶端与行中最低的元素的顶端对齐；text-bottom 使元素的底端与上级元素字体的底端对齐。

3．文本缩进(text-indent)

text-indent 属性用来设定段落的首行缩进。允许取负值，可以实现"悬挂缩进"。
语法：

```
text-indent:取值;
```

取值可以是一个长度，或是一个百分比，百分比是依上级元素的值而定的。

4. 框类显示(display)

display 属性用来设置框类元素的内部和外部显示类型。

语法:

```
display: display-outside | display-inside | display-listitem |
display-internal | display-box | display-legacy;
```

(1) display-outside：这些关键字指定了元素的外部显示类型，实际上就是其在流式布局中的角色(即在流式布局中的表现)。

(2) display-inside：这些关键字指定了元素的内部显示类型，它们定义了该元素内部内容的布局方式(假定该元素为非替换元素 non-replaced element)。

(3) display-listitem：将这个元素的外部显示类型变为 block 盒，并将内部显示类型变为多个 list-item inline 盒。

(4) display-internal：有些布局模型(如 table 和 ruby)有着复杂的内部结构，因此它们的子元素可能扮演着不同的角色。这一类关键字就是用来定义这些"内部"显示类型，并且只有在这些特定的布局模型中才有意义。

(5) display-box：这些值决定元素是否使用盒模型。

(6) display-legacy：CSS 2 对于 display 属性使用单关键字语法，对于相同布局模式的 block 级和 inline 级变体需要使用单独的关键字。

display 属性的取值如表 6-6 所示。

表 6-6　display 属性的取值及说明

属 性 值	说　明
none	此元素不会被显示
inline	将对象设置为行内元素，在行内显示
block	将对象设置为块级元素，以块状显示，自动换行
inline-block	将对象设置为行内块标记
inherit	规定应该从父元素继承 display 属性的值

【例 6-3】文本属性的综合设置。代码如下:

```
<style>
   body {color:red}
   h1 {color:#00ff00;
      line-height:2px;
      text-align:center;
      }
   p{text-indent:2em;}
   .t1{vertical-align:super;}
```

```
    .t2 {color:rgb(0,0,255);
        letter-spacing:5px;
        }
    a{text-decoration:none; text-align:right;}</style>
</head>

<body>
 <h1>这是标题</h1>
    <a href="#">这是一个链接</a>
    <p>这是一段普通的段落。请注意，该段落的文本是红色的。在 body 选择器中定义了本页面
中的默认文本颜色。定义上标，如x<span class="t1">2</span></p>
    <p class="t2">该段落定义了 class="t2"。该段落中的文本是蓝色的。</p>
</body>
```

保存后，浏览效果如图 6-3 所示。

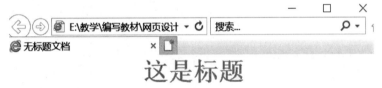

图 6-3　设置段落效果

6.4.5　CSS 3 新增的文本属性

1. 给文本添加阴影(text-shadow)

在 CSS 3 中，可以使用 text-shadow 属性为页面中的文本添加阴影效果，设定水平阴影、垂直阴影、模糊距离以及阴影的颜色。

语法：

```
text-shadow: x-offset y-offset blur-radius color
```

(1) x-offset 指阴影的横向距离，可以取负值。x-offset 值为正时，阴影在对象的右边，反之在对象的左边。

(2) y-offset 指阴影的纵向距离，可以取负值。y-offset 值为正时，阴影在对象的底部，

反之在对象的顶部。

(3) blur-radius 指阴影的模糊半径，代表阴影向外模糊的范围。值越大，阴影向外模糊的范围越大，阴影的边缘就越模糊。当值为 0 时，表示不具有模糊效果。blur-radius 不能取负值。

(4) color 代表阴影的颜色，这个参数可以放在前面，也可以放在最后，是一个可选项。如果没设置 color 参数，会使用文本的颜色作为阴影颜色。

【例 6-4】给文本添加阴影。代码如下：

```
<html>
<head>
    <meta charset="utf-8">
    <title>给文本添加阴影</title>
    <style>
        h1{text-shadow: 5px 5px 5px #FF0000;}
    </style>
</head>
<body>
    <h1>文本阴影效果！</h1>
</body>
</html>
```

保存后，浏览效果如图 6-4 所示。

图 6-4　文本阴影效果

2. 文本溢出(text-overflow)

网页制作过程中，经常会遇到内容溢出的问题，如文章列表标题很长，超出了其宽度限制，此时，超出宽度的内容就会以省略号(…)形式显示。以前实现这样的效果需要使用 JavaScript 截取一定的字符数来实现，但这种方法涉及中文和英文的计算字符宽度的问题，导致截取字符数不好控制，降低了程序的通用性。CSS 3 新增了 text-overflow 属性来解决这个问题。

语法：

```
text-overflow: clip | ellipsis | string
```

(1)　clip 表示不显示省略标记(...)，只是简单地修剪文本。

(2)　ellipsis 表示当对象内文本溢出时显示省略标记(...)，省略标记插入的位置是最后一个字符。

(3)　string 表示使用给定的字符串来代表被修剪的文本。

> **注意**
>
> text-overflow 属性只在盒模型中的内容水平方向超出盒子的容纳范围时有效，而且需要将 overflow 属性值设为 hidden。

【例 6-5】设计固定区域的公告列表。CSS 代码如下：

```
<style type="text/css">
    h3{margin-left:20px;}
    .box{width:338px;                /*固定列表栏目外框*/
        line-height:28px;
        border: 1px solid #C93;
        }
    .box ul{width:330px;             /*固定标题列表宽度*/
        list-style-image:url(images/tb1.jpg);
        }
    .box ul li{clear:both;
        margin:0;
        padding:0;
        }
    li a{float:left;
        display:block;
        text-decoration:none;
        max-width:230px;
        white-space:nowrap;          /*禁止换行*/
        overflow:hidden;             /*为应用 text-overflow 做准备，隐藏溢出文本*/
        text-overflow:ellipsis;
        }
    li span{float:left;
        display:block;
        margin-left:10px;
        font-size:12px;
        color:#999;
        }
</style>
```

HTML 代码如下:

```
<body>
 <div class="box">
 <h3>最新公告</h3>
 <ul class="post">
 <li><a href="#">会员福利日：超值礼券积分兑现，10 点准时开抢</a>
   <span>2017-2-24</span></li>
 <li><a href="#">礼券领取日期：3 月 12 日 10:00-23:00，全场购买图书可用</a>
   <span>2017-1-27</span></li>
 <li><a href="#">金卡、钻石卡会员购买图书可享受 VIP 折扣，参加满减活动
   并叠加礼券</a><span>2017-1-12</span></li>
 <li><a href="#">超值礼券积分兑现</a><span>2017-1-24</span></li>
 <li><a href="#">英文原版 Memoirs of My Life 我的生活回忆录 MDWARD
   GIBBON 传记到货通知</a><span>2017-1-3</span></li>
 </ul>
 </div>
</body>
```

保存后，浏览效果如图 6-5 所示。

图 6-5　运行效果

3．自动换行(word-wrap)

浏览器自身具有让文本自动换行的功能。当在一个指定区域显示一整行文本时，会让文本在浏览器或 div 元素的右端自动换行。对于中文字符，浏览器可以在任何一个中文文字后面进行换行；而对于西文字符来说，浏览器会在半角空格或连字符的地方自动换行，而不会在单词中间换行，因此，不能给较长的单词(如 URL)自动换行，窗口就会出现横向滚动条等问题。CSS 3 新增了 word-wrap 文本样式属性，用于设置当前行超过指定容器的边界时自动换行。

语法：

```
word-wrap: normal | break-word
```

6.4.6 边框属性

CSS 边框属性包括边框样式属性、边框宽度属性、边框颜色属性及边框的综合属性。CSS 3 还新增了许多新的边框属性，如圆角边框及图片边框等属性，具体如表 6-7 所示。

表 6-7 边框相关各属性作用

属 性 名	作 用
border-style	设置边框样式，solid(实线)、dotted(虚线)、dashed(点线)等
border-color	设置边框颜色
border-width	设置边框宽度
border	边框复合属性，必须给出 style、color、width 三个值
border-方向	按方向给出边框样式，值与上方相同
border-radius	圆角边框
border-image	将图片设置为边框
border-shadow	给边框添加阴影

1．边框样式(border-style)

border-style 属性用来设置边框样式。

语法：

```
border-style:<值>
```

可以用实线、虚线、点线、双线等效果。

2．边框颜色(border-color)

border-color 属性用来设置边框颜色。

语法：

```
border-color:<值>
```

3．边框宽度(border-width)

border-width 属性用来设置边框粗细。

语法：

```
border-width:<值>
```

【例 6-6】设置边框效果。代码如下：

```
<style>
 div{height:80px;
      width:80px;
```

```
            color:#FFF;
            padding:20px;
            border: dashed 10px #FF0000;
            background:#FC6;
            margin:10px;
            }
        .d1{
            float:left;
            }
        .d2{
            float:left
            }
        </style>
</head>

<body>
 <div class="d1"></div>
    <div class="d2"></div>
</body>
```

保存后，浏览效果如图 6-6 所示。

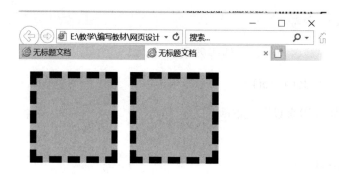

图 6-6　边框效果

4．边框弧度(border-radius)

border-radius 属性用来设置边框拐角弧度。

语法：

```
border-radius:<值>
```

可以给多个值，给单个值表示边框四角的圆角值，给两个值表示边框左上角和右下角的圆角值。

【例6-7】设计圆角边框。代码如下：

```
<style>
div{
    width:300px; height:100px;
    background:#F93;
    border: none;
  border-radius: 40px 10px;
    }
</style>
</head>


<body>
<div>
</div>
</body>
```

保存后，浏览效果如图6-7所示。

图6-7 边框效果

6.4.7 列表属性

CSS列表属性包含列表图片样式设置及样式定位，具体属性如表6-8所示。

表6-8 列表相关各属性作用

属 性 名	作 用
list-style-type	设置列表符号的样式
list-style-image	设置列表图片替代列表符号
list-style-position	设置列表样式的位置

1．改变列表符号(list-style-type)

list-style-type 属性用来设定列表项的符号。

语法：

```
list-style-type:<值>
```

可以用多种符号作为列表项的符号。

2．图像符号(list-style-image)

list-style-image 属性是使用图像作为列表项目符号。

语法：

```
list-style-image:url(图像地址)
```

3．列表缩进(list-style-position)

list-style-position 属性用于设定列表缩进。

语法：

```
list-style-position:outside|inside
```

inside(默认值)表示列表项目标记放置在文本以内，且环绕文本根据标记对齐；outside 表示列表项目标记放置在文本以外，且环绕文本不根据标记对齐。

4．复合属性(list-style)

列表复合属性包括 list-style-type、list-style-position 和 list-style-image 三种。

【例 6-8】列表属性测试。CSS 代码如下：

```
<style>
  .circle{list-style-type:circle;}
  .upper-roman{list-style-type:upper-roman;}
  .img1{list-style-image:url(images/tb1.jpg);
    list-style-position:inside;}
  .img2{list-style-image:url(images/tb1.jpg);
    list-style-position:outside;}
</style>
```

HTML 代码如下：

```
<body>
  <h1>JavaScript 入门</h1>
    <ul>
    <li>JavaScript 概述</li>
    <ul class="circle">
    <li>认识 JavaScript</li>
    <li>JavaScript 的特点</li>
    </ul>
    <li>变量、数据类型</li>
```

```
<ol class="upper-roman">
<li>变量的声明和使用</li>
<li>基本数据类型</li>
</ol>
<li>表达式与运算符</li>
<ul class="img1">
<li>表达式</li>
<li>运算符</li>
</ul>
<li>流程控制语句</li>
<ul class="img2">
<li>分支语句</li>
<li>循环语句</li>
</ul>
<li>JavaScript 函数</li>
</ul>
<body>
```

保存后，浏览效果如图 6-8 所示。

图 6-8 列表属性设置

6.4.8 方框属性

在设置页面样式时，CSS 会将所有对象都放置在一个容器里面，这个容器被称为盒子。就是将每个元素都当作一个长方形盒子，用这个假想的盒子设置各元素与网页之间的空白距离，如元素的边框宽度、颜色、样式，以及元素内容与边框之间的空白距离。CSS 方框相关属性如表 6-9 所示。

表 6-9　方框相关的属性作用

属 性 名	作 用
width	设置元素宽度
height	设置元素高度
float	设置浮动方式
clear	清除元素浮动
padding-方向	按指定方向设置内边距
padding	如果指定 1 个值，则表示 4 个方位值；指定 2 个值，则值为上下、左右；指定 3 个值，则值为上、左右、下；指定 4 个值，顺序则为上、右、下、左
margin	设置值同上
margin-方向	按指定方向设置外边距

1. 宽(width)

width 属性用来设置元素的宽。

语法：

```
width:<值>
```

2. 高(height)

height 属性用来设置元素的高。

语法：

```
height: <值>
```

3. 浮动(float)

float 属性用于设置浮动定位。

语法：

```
float:none|inside| left| right
```

可用于设置左浮动定位、右浮动定位和不浮动。浮动定位将会在第 8 章、第 9 章讲到。

4. 内边距(padding)

padding 属性用于设置元素内边距。指一个元素的内容和其边界之间的空间，该属性不能为负值。

语法：

```
padding: <值>
```

可以设置多个值，如果指定 1 个值，则表示 4 个方位值；指定 2 个值，则值为上下、左右；指定 3 个值，则值为上、左、右、下；指定 4 个值，顺序则为上、右、下、左。

5. 外边距(margin)

margin 属性用于设置元素外边距。

语法:

```
margin: <值>
```

可以设置多个值,设置方法同 padding。

【例 6-9】设置边距。代码如下:

```
    <style>
h4{
  background-color: green;
  padding: 50px 20px 20px 50px;
}

h3{
  background-color: blue;
  padding: 100px 50px 50px 200px;
}
</style>
</head>

<body>
<h4>Hello world!</h4>
<h3>The padding is different in this line.</h3>
</body>
```

保存后,浏览效果如图 6-9 所示。

图 6-9　内边距属性设置

6.5 小型案例实训

下面用综合案例来分别介绍 CSS 样式在文件内部的应用、CSS 样式的内嵌的应用以及 CSS 样式写在外部文件的应用。

1. 内部样式表

举例说明内部样式表方法在 HTML 文件的编写头部 CSS 中的应用。

```
<html>
<head>
<meta http-equiv="Content-Type" content="text/html; charset=utf-8" />
<title>无标题文档</title>
<style type="text/css">
    body{ background:#999}
    h3{ color:black; font-size:35px; font-family:黑体;
text-align:center;}
    #red{ color:#F00; font-size:14px;}
</style>
</head>

<body >
    <h3>编写头部 CSS</h3>
    <hr />
        <p id="red">在 HTML 文件的头部应用内部样式表方法添加 CSS。</p>
        <p >我没有样式</p>
</body> </html>
```

保存后，浏览效果如图 6-10 所示。

图 6-10　内部样式实现效果图

2. 内嵌样式

```
<head>
<meta http-equiv="Content-Type" content="text/html; charset=utf-8" />
<title>无标题文档</title>
</head>

<body style="background:#CCC">
    <h3 style="text-align:center; color:#969; font-size:24px">编写头部
CSS</h3>
    <hr />
        <p  style="color:#F00">在 HTML 文件的头部应用内部样式表方法添加 CSS。</p>
        <p >我没有样式</p>
</body>
```

保存后，浏览效果如图 6-11 所示。

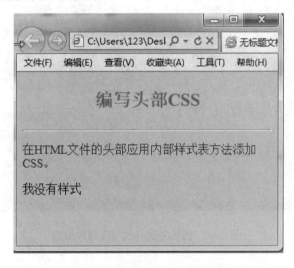

图 6-11　内嵌样式实现效果图

3. 链接外部样式表

```
<head>
<meta http-equiv="Content-Type" content="text/html; charset=utf-8" />
<title>无标题文档</title>
<link rel="stylesheet" type="text/css" href="as.css" />
</head>

<body>
    <h3>编写头部 CSS</h3>
```

```
    <hr />
        <p class="red">在 HTML 文件的头部应用内部样式表方法添加 CSS。</p>
        <p >我没有样式</p>
</body>
</html>
```

新建一个 CSS 文件 as.css，CSS 代码如下：

```
body{ background:#999}
    h3{ color:black; font-size:35px; font-family:黑体; text-align:center;}
    .red{ background:yellow; color:#F00; font-size:14px;}
```

保存后，浏览效果如图 6-12 所示。

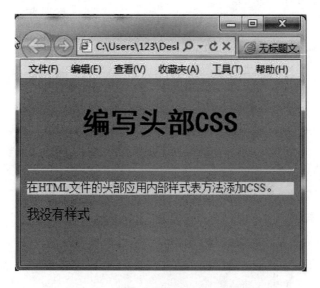

图 6-12   链接外部样式表实现效果图

习　　题

一、单选题

1. CSS 文件的扩展名为(　　)。

    A. .html   B. .CSS   C. .html   D. .txt

2. 下列关于选择符的说法正确的是(　　)。

    A. 类选择符是自动加载的

    B. 类选择符应用时对应的标记内需带上 class 属性

    C. 类选择符与 ID 选择符的应用完全一样

    D. 选择符的分类为：类选择符和 ID 选择符

3. CSS 语法中 selector、value、property 依次代表(　　)。

    A. 选择符、属性值、属性　　　　　　B. 属性、属性值、选择符

    C. 选择符、属性、属性值　　　　　　D. 属性、选择符、属性值

4. CSS 简称(　　)。

    A. 层叠样式表　　　　　　　　　　　B. 样式表

    C. 外部文件　　　　　　　　　　　　D. 样式

二、填空题

1. CSS 样式表的基本语法包括＿＿＿＿＿、＿＿＿＿＿、＿＿＿＿＿三部分。

2. CSS 样式表的插入方法有链接外部样式表、＿＿＿＿＿＿＿、内部样式表。

3. 内部样式表是通过＿＿＿＿＿标记把样式表的内容直接定义在 HTML 文件的<head>标记中。

4. 链接外部样式表的语法为<link ＿＿＿="stylesheet" ＿＿＿＿＿="text/css" ＿＿＿＿=＿＿＿＿＿\>。

三、上机题

在 Dreamweaver 中打开 Example 1.htm，分别使用外部样式表、内部样式表和内嵌样式来修饰其页面，网页原始效果如图 6-13 所示。

品种特征方面：

  1、蛋鱼：蛋鱼无背鳍、体圆凸、各鳍短小者称为蛋鱼，有红头、紫蛋鱼、五花蛋鱼等品种。挑选时应选择背鳍光滑平坦，无残鳍，无结疤，体短而肥圆，尾小而短，全身端正匀称的个体。

  2、龙睛：龙睛以眼珠凸出于眼眶之外为主要特征，各鳍发达。日本称龙睛鱼为出目金，有红色的称赤出目金，黑色的称黑出目金，花斑的称杂斑出目金。

  3、高头：高头由于头顶上长有厚实发达的肉瘤，各鳍很长，花色品种又多，深受人们喜爱。其名种有红头高头、红高头、黄高头、紫高头、紫蓝红头高头、蓝高头、五花高头、朱眼高头等，其中又以红头高头（红头帽子）最为珍贵。

图 6-13　原始效果

第7章 CSS 属性案例应用——
运用 CSS 创建导航

本章要点

(1) 横向导航创建;

(2) 纵向导航创建;

(3) 带下拉菜单导航创建。

学习目标

(1) 掌握使用 CSS+UL 创建导航;

(2) 掌握使用 CSS 属性实现导航创建;

(3) 掌握常用 CSS 属性的使用。

7.1 使用 CSS+UL 创建横向导航

目前，网站上常用的网页元素主要有网站导航、站点地图、内容列表、表单等多种功能模块。早期使用 HTML 的表格式布局来设计这些元素，无非都是通过表格的各个单元格来实现。而采用符合 Web 标准的 CSS 布局之后，对这些页面元素来说，则拥有了更丰富的可定义效果。

比如列表元素，由于之前 CSS 控制能力并不突出，HTML 中原本用于显示列表的 ul 及 ol 元素被弃而不用，取而代之的是用 table 表格进行多行划分来实现列表的效果，这使得无论是操作还是布局思维都过于复杂，单元格之间的标签较多。这不是我们理想的选择。

作为门户网站的设计而言，主导航一般采用横向导航，如例 7-1 所示。由于门户网站下方文字较多，且每个频道均有不同的样式区分，因此在顶部固定一个区域来设计统一风格且不占用过多空间的导航是最为理想的选择。Yahoo.com、MSN.com 以及国内新浪、网易、闪客帝国等网站均采用此类导航形式。

ul 是 CSS 布局中使用较为广泛的元素之一，主要是用来描述列表型内容。我们要实现的 CSS+UL 横向导航效果如图 7-1 所示。

图 7-1　横向导航效果图

横向导航的 HTML 部分代码参见例 7-1。

【例 7-1】横向导航的实现。

```
<head>
<meta http-equiv="Content-Type" content="text/html; charset=gb2312" />
<title>无标题文档</title>
<link href="sty.css" rel="stylesheet" type="text/css" />
</head>

<body>
<div id="nav">
<ul>
<li><a href="#">首页</a></li>
<li><a href="#">文章</a></li>
<li><a href="#">参考</a></li>
<li><a href="#">Blog</a></li>
<li><a href="#">论坛</a></li>
<li><a href="#">联系</a></li>
</ul>
</div>
</body>
```

CSS 代码：

```
#nav li{float:left;
list-style-type:none;
}
#nav li a{
color:#000000;
text-decoration:none;
display:block;
padding:8px 25px;
background-color:#ececec;
margin-left:2px;
}
#nav li a:hover{
background-color:#bbbbbb;
color:#ffffff;
}
```

说明：

(1) 这里浮动属性 float 不能用于 a 标签，如#nav li a{float:left;}，则在版本较低浏览器中会呈现出如图 7-2 所示效果。

图 7-2　移动 float 后的效果图

(2)　list-style-type 属性是列表样式，只能对 li 或 ul 标签使用，用于别的标签将不起任何作用。

(3)　在添加了超链接后，字体会变颜色，一般为蓝色，如果我们想换字体颜色，这时候 color 属性就只能加载于 a 标签，否则 color 属性也就不起作用。

这里将 display:block;块状属性和 padding 填充属性配合使用，可以将导航每项的块状完美呈现出来。但是注意这两个属性应用的标签，如果将其应用到 li 标签上，效果就没有这么好了。我们来看看如下 CSS 代码。

```
#nav li{
float:left;
list-style-type:none;
display:block;
padding:8px 25px;
background-color:#ececec;
margin-left:2px;
}
#nav li a{
color:#000000;
text-decoration:none;
}
#nav li a:hover{
background-color:#bbbbbb;
color:#ffffff;
}
```

运行效果如图 7-3 所示。

图 7-3　将 display 用于 li 效果图

上面完成了标签式导航设计。其实导航不仅可以使用 CSS 颜色样式来定义，还可以采用精心设计的图片或其他元素来构建，这里我们就不再举例。

7.2　纵向导航

纵向导航也是网站应用中的一种重要形式。所谓纵向导航就是指把网站导航放置在网页左边或者右边的、从上至下排列的一种导航。

在本节中，我们希望设计一套纵向导航来帮助用户浏览网站。类似于电子商务网站，在每个页面都需要一套辅助的导航系统来帮助用户查找各个分类的商品，这时候纵向导航就能派上用场了。

使用纵向导航的目的，主要是让用户方便地找到网站中的文章。类似于 msn.com 主页的形式，我们的导航应该有一个二级分类及其下属的内容，比如 CSS 下可能出现 CSS 入门、CSS 技巧等子栏目。我们将延续上一节横向导航的设计思路，但是要换一种方式来组织导航部分的 XHTML 结构代码，如例 7-2 所示。

【例 7-2】使用 Hn+CSS 实现纵向导航。代码如下：

```
<div id="category">
<h1>CSS</h1>
    <h2>CSS 入门</h2>
    <h2>CSS 进阶</h2>
    <h2>CSS 高级技巧</h2>
<h1>WebUI</h1>
    <h2>理论知识</h2>
    <h2>实战应用</h2>
    <h2>高级技巧</h2>
<h1>DOM</h1>
    <h2>DOM 入门</h2>
    <h2>DOM 应用</h2>
    <h2>DOM 与浏览器</h2>
<h1>XHTML</h1>
    <h2>XHTML 参考手册</h2>
    <h2>XHTML 论坛</h2>
</div>
```

这里我们希望能够提供更多的途径来展现 CSS 布局设计的灵活性与方便性，以便抛砖引玉，开拓读者更多的设计思想。这次我们采用的标签是 div+h1+h2 形式，CSS 代码如下：

```
#category{
width:100px;
border-color:#c5c6c4;
border-style:solid;
border-width:0px 1px 1px 1px;
```

```
}
#category h1{
margin:0px;
padding:4px;
font-size:12px;
font-weight:bold;
border-top:1px solid #c5c6c4;
background-color:#f4f4f4;
}
#category h2{
margin:0px;
padding:4px;
font-size:12px;
font-weight:normal;
}
```

与横向导航相比较，这段代码会略显简单些，不过我们认为这段代码还可以继续优化。我们注意到，h1 和 h2 元素的定义中，前面重复使用了 margin:0px;padding4px;font-size:12px，而 CSS 布局的一条就是减少代码的重复使用，以便减小文件尺寸，便于修改，所以这段 CSS 代码可以重新优化如下：

```
#category{
width:100px;
border-color:#c5c6c4;
border-style:solid;
border-width:0px 1px 1px 1px;
}
#category h1,#category h2{
margin:0px;
padding:4px;
font-size:12px;
}
#category h1{
border-top:1px solid #c5c6c4;
background-color:#f4f4f4;
}
#category h2{
font-weight:normal;
}
```

运行效果如图 7-4 所示。

图 7-4　纵向导航效果图

7.3　下拉及弹出式菜单

下拉及弹出式菜单同样是网站设计中常用的导航形式，它们能够充分地利用网页现有空间来隐藏或者显示更多的内容，并能够对内容进行合理的分类显示，所以也是非常好用的导航形式。

7.3.1　横向下拉菜单

早期的下拉或弹出式菜单，通过隐藏的\<layer\>或\<div\>块来实现对内容的隐藏，并且通过 JavaScript 脚本来响应用户操作(如例 7-3)。下面我们来看看用 JavaScript+div 来实现的下拉式菜单(注意创建下拉菜单时，列表必须嵌套创建)。

【例 7-3】使用 JavaScript 实现下拉菜单效果，代码如下：

```
<body>
<ul id="nav">
 <li><a href="#">文章</a>
  <ul>
  <li><a href="#">CSS 教程</a></li>
  <li><a href="#">DOM 教程</a></li>
  <li><a href="#">XML 教程</a></li>
  <li><a href="#">Flash 教程</a></li>
  </ul>
```

```
      </li>
      <li><a href="#">参考</a>
        <ul>
          <li><a href="#">XHTML</a></li>
          <li><a href="#">XML</a></li>
          <li><a href="#">CSS</a></li>
          </ul>
          </li>
      <li><a href="#">Blog</a>
          <ul>
            <li><a href="#">全部</a></li>
            <li><a href="#">网页设计</a></li>
            <li><a href="#">UL 技术</a></li>
            <li><a href="#">Flash 技术</a></li>
            </ul>
            </li>
</ul>
</body>
```

CSS 代码如下：

```
ul{ padding:0px; margin:0px; list-style:none;}
 li{ float:left; width:160px;}
 ul li a{ display:block; font-size:12px; border:1px solid #ccc; padding:3px;
text-decoration:none; color:#777; text-align:center}
  ul li a:hover{ background-color:#f4f4f4;}
 li ul{ display:none; top:20px;}
 li:hover ul,li.over ul{ display:block;}
```

最后我们需要加入一段 JavaScript 代码，如下所示。

```
<Script  type="text/JavaScript">
startList=function(){
 if(document.all&&document.getElementById){
 navRoot= document.getElementById("nav");
  for(i=0;i<navRoot.childNodes.length; i++){
    node=navRoot.childNodes[i];
    if( node.nodeName== "LI")
      node.onmouseover=function( ){
      this.onmouseout=function( ){
        this.className=this.className.replace (" over","");
          }
```

```
        }
    }
    }
    }
window.onload=startList;
</script>
```

从理论上讲，不加复杂的 JavaScript 代码也能实现下拉菜单，在 li:hover ul 的样式中给出了 display:block，当 li 遇到鼠标指针移上时，其下的 ul 元素显示为块状。从 CSS 代码上已经实现了我们需要的鼠标感应的目标。但是，由于版本低的浏览器对 CSS 的部分属性支持不是那么完善，导致我们在低版本的 IE 浏览器中无法解析这样的样式。我们可以尝试去掉 JavaScript 代码，用 Firefox 或 360 浏览器打开网页，同样可以显示正常的效果，如图 7-5 所示。

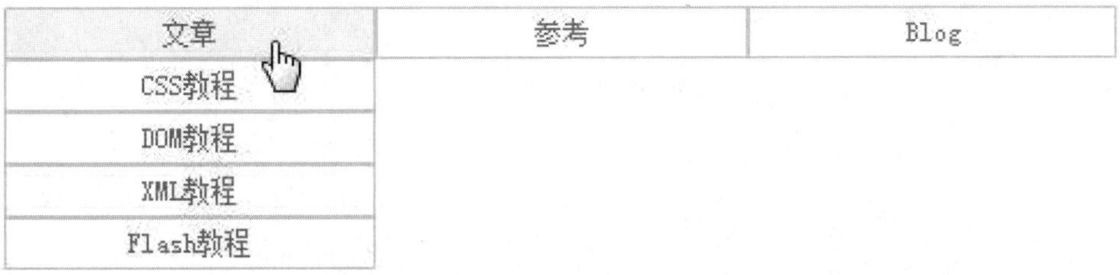

图 7-5　使用 JavaScript 实现横向下拉菜单效果图

说明：

(1)　li 设置 float:left 属性，使得所有的 li 向左浮动，这样便形成了横向的布局，并尝试使每个 li 的宽度为 160px。

(2)　对 li ul 的定义指的是所有 li 下面的 ul 元素。在 XHTML 中，除了顶级的 ul 元素外，所有 li 下面的 ul 元素都将受到这部分样式的控制。这里我们使用 top 属性来设置整个 ul 的上边距，并使用 display:none 来让这部分被隐藏。CSS 中的所有元素基本上都可以使用 display 属性来控制其显示的方式，其中 none 表示不显示，它是隐藏一个元素的好办法。

(3)　li:hover ul 定义了 class 为 over 的 li 元素下的 ul 元素的显隐模式。通过逗号分隔，让这两种情况下都将使用 display:block;属性。

(4)　注意创建二级菜单时嵌套列表的创建，</li>必须在二级菜单结束后关闭。

7.3.2　纵向下拉菜单

CSS 布局的下拉式菜单控制重点，在于其对元素的隐藏与显示，无论是在 Firefox 中直接使用 CSS 样式控制，还是在 IE 中使用 JavaScript，都离不开对 CSS 样式的定义，可见 CSS 对元素的控制能力是非常强大的。

上文创建了横向的下拉式菜单，下面来创建纵向下拉菜单。

【例 7-4】使用 CSS 实现纵向下拉菜单效果。

```html
<ul>
<li><a href="#">首页</a></li>
<li><a href="#">学校概况</a></li>
<li><a href="#">行政机构</a>
 <ul>
 <li><a href="#">人事处</a></li>
 <li><a href="#">财务处</a></li>
 <li><a href="#">教务处</a>
    <ul>
      <li><a href="#">教学动态</a></li>
      <li><a href="#">毕业生信息</a></li>
      <li><a href="#">自考网站</a></li>

    </ul>
 </li>
 <li><a href="#">学工处</a></li>
 </ul>
</li>
<li><a href="#">招生就业</a>

 <ul>
 <li><a href="#">招生信息</a></li>
 <li><a href="#">就业信息</a></li>
 </ul>
</li>
</ul>
```

CSS 代码如下：

```css
ul{ padding:0px; margin:0px; list-style:none; width:130px;
border-bottom:1px solid #ccc;}
  ul li{ position:relative;}
  li ul{ position:absolute; left:129px; top:0px; display:none;}
  ul li a{ display:block; text-decoration:none; color:#777; background:#fff;
padding:5px; border:1px solid #ccc;
  border-bottom:0px;}
  li:hover>ul{ display:block;}
```

运行效果如图 7-6 所示。

图 7-6　使用 CSS 实现纵向下拉菜单效果图

说明：

（1）编写思路保持了与横向导航及纵向导航相同的思路，不同的是，为了导航中的子导航与主导航在实现鼠标交互的同时，为了保持其相同位置一致，我们对 ul li{}使用了 position:relative，使其定位方式转为相对定位。而对 li ul{}即子导航则采用 position:absolute，这是相对于主导航的绝对定位方式，保持了其鼠标交互后的位置一致。

（2）最后一行 CSS 意思是，当鼠标指针移动到列表项上时，就显示它的子列表。注意，这里的:hover 触发器是设定在 li 元素而非超链接自身上的。这样做是因为我们想要显示 li 的子元素 ul。此外，为了只显示其子元素，悬停列表项与子列表之间还有一个子选择符>，如果没有子选择符，当顶级菜单处于悬停状态时，会同时显示二级和三级菜单。

7.4　小型案例实训

本案例使用列表实现纵向导航，实现代码如下：

```
<style>
#dh{ width:300px; background:#F2F3F7; border:1px solid #666; padding:20px;}
#dh ul{ padding:0; margin:0; list-style:none;}
#dh a{ text-decoration:none; display:block; padding:15px 20px; color:#666;
font-weight:bolder; border-bottom:1px solid #FFF;
background:url(imgs/logo_w3cn_16x16.gif) no-repeat 0px center;}
#dh a:hover{ background-color:#F00; color:#FFF;}
</style>
</head>
<body>
 <div id="dh">
    <ul >
     <li><a href="#">关于我们</a></li>
     <li><a href="#">什么是网站标准</a></li>
     <li><a href="#">使用标准的好处</a></li>
     <li><a href="#">怎样过渡</a></li>
```

```
        <li><a href="#">相关教程</a></li>
        <li><a href="#">工具</a></li>
        <li><a href="#">资源及链接</a></li>
    </ul>
   </div>
</body>
```

运行效果如图 7-7 所示。

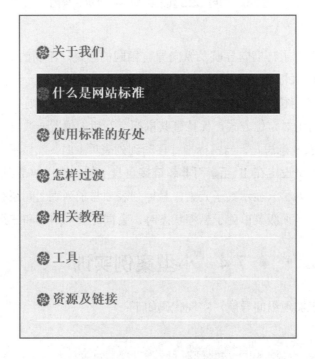

图 7-7　小型案例效果图

习　　题

一、单选题

1. 在 HTML 中使用<ol>、<ul>标记来定义列表为有序列表或无序列表。而在 CSS 中是利用(　　)属性控制列表的样式。

    A. list-style-type　　　　　　　　　　B. list-style-image

    C. list-style-position　　　　　　　　　D. list-style

2. float 属性的作用是(　　)。

    A. 对齐　　　　　B. 实现浮动　　　C. 清除浮动　　　D. 其他

3. 下列选项中 CSS 规则书写正确的是(　　)。

    A. body:color=black　　　　　　　　　B. { body;color:black ;}

C. body{color:black; }　　　　　　　D. {body:color=black;}

4. 下列选项中正确定义所有 h3 标记内文字为特粗的是(　　)。

    A.　<h3 style="font-size: bolder; ">

    B.　<h3 style="font-weight: bolder; ">

    C.　h3 {font-style: bolder; }

    D.　h3 {font- weight: bolder; }

5. 在 CSS 中定义能多次引用样式的选择器是(　　)。

    A. 超链接选择器　　　　　　　　B. 类选择器

    C. id 选择器　　　　　　　　　　D. 标记选择器

二、填空题

1. 在 CSS 文件中，用#p1{ }，在 HTML 中 p 标记内使用＿＿＿＿＿属性引用样式；在 CSS 中使用.p2{ }定义样式，在 HTML 中 p 标记内使用＿＿＿＿＿属性引用样式。

2. 引用外部 CSS 文件有两种方式:一是通过＿＿＿＿＿标记的＿＿＿＿＿属性;二是通过＿＿＿＿＿标记内＿＿＿＿＿来引用。

三、上机题

1. 使用 CSS+UL 实现横向导航。

2. 使用 CSS+UL 实现如图 7-8 所示效果的纵向导航。

图 7-8　纵向导航

第 8 章　利用 CSS+DIV 进行网页布局

本章要点

(1)　网页布局原则；

(2)　网页布局技术；

(3)　DIV+CSS 布局。

学习目标

(1)　掌握 DIV+CSS 布局规则；

(2)　掌握浮动排版；

(3)　理解绝对定位和相对定位。

8.1　网页布局概述

网页布局即网页中各种元素的排布方式。初学者习惯先考虑外观，再考虑内容、文字图片等。但是网页的外观可能会经常变化，良好的 HTML 网页设计应该将网页的内容与表现形式分开，这样不但能简化网页代码，加快网页显示速度，还可以灵活地调整网页的显示方式。

在设计网页时，网页布局首先要解决的问题是将网页划分为不同的区域，每个区域有不同的逻辑功能，这样会使网页各部分的功能组织有条理，充分体现网页的设计风格，表达且突出呈现要向用户展示的信息内容。

虽然页面展示内容很多，但通过划分，可以将页面组织成更为简单的逻辑结构。如图 8-1 所示为典型的上中下结构。

很多网页由页眉、正文内容、页脚三部分组成，更为复杂的网页会在页眉或正文部分包含一些菜单栏、导航等；正文也会进一步细化；页脚中往往会由网站的版权、友情链接等组成。

本章讲述 CSS 布局中的布局定位方法。所谓布局定位，即 CSS 网页的核心框架。我们必须按照设计要求，首先搭建一个可视的排版框架，这个框架有自己在网页中显示的位置、浮动方式。然后向框架中填充排版的细节，这就是 CSS 布局定位的基本作用，也是 CSS 网页的基础。而这个基础最核心的两点，就是浮动与定位。在了解浮动与定位之前，我们先来认识一下用于浮动与定位的基本标签——DIV。

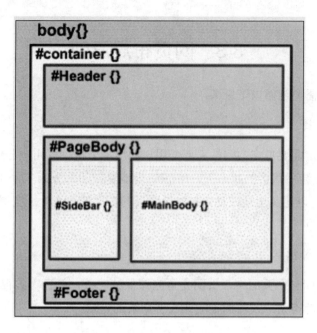

图 8-1　典型的上、中、下结构

8.2　认识 DIV

几乎 XHTML 中的任何标签都可以用于浮动与定位，而 DIV 首当其冲。对于其他标签而言，往往有它自身存在的目的，比如 ul 用于显示列表，而 DIV 元素存在的目的就是浮动与定位。

DIV 是 XHTML 中指定的、专门用于布局设计的容器对象。我们知道，在传统的表格式布局中，之所以能够进行页面的排版布局设计，完全依赖于表格对象 table。在网页中绘制一张具有多个单元格的表格，在相应的表格中放入内容，通过表格单元格的位置控制，以实现布局排版的目的，这是表格式布局的核心内容。

如今，我们将要接触另一种布局方式——CSS 布局。DIV 正是这种布局方式的核心对象，我们的排版不再依赖于表格，做一个简单的布局只需要依赖两样东西：DIV 与 CSS。因此有人称 CSS 布局为 DIV +CSS 布局。

DIV 只是 CSS 布局工作的第一步，我们还需要通过 DIV 将页面中的内容元素标记出来，比如需要一个导航条，就可以使用 DIV 标识出一个导航条区域，而导航条是什么样子呢？DIV 概不负责，剩下的事情就由 CSS 来处理。

DIV 标签中除了直接放入文本外，也可以放入其他标签，还可以多个 DIV 进行嵌套使用，最终目的是合理地标识出我们的内容区域，而 DIV 对象本身也是占据整行的一种对象。

8.3 网页布局原则

网页布局一般需要遵循以下原则。

1. 页面尺寸选择

网页尺寸的设定需要考虑本网站大部分用户的屏幕分辨率。用户分辨率为 800×600 像素，在 IE 浏览器安装后默认的状态下，IE 窗口内能看到的部分为 778×435，那么页面的宽度不应该超过 778，以避免出现滚动条；如果网页的宽度低于 778 或宽屏显示器，可以让页面居中，两侧用背景。

2. 保持一致的风格

在整个网站或同一个页面中，页面元素应该保持一致。颜色一致很重要，应当保持文本颜色、背景、标题格调一致，而不能让人感觉杂乱无章。

3. 导航栏

导航栏能让我们在浏览网页时到达不同的页面，对于网页来说是很重要的部分。所以导航栏一定要清晰、醒目，一般导航栏要在"第一屏"显示出来。

8.4 常见的网页布局技术分析

8.4.1 上、中、下布局

上、中、下布局是最基本的布局方式，如例 8-1 所示。

【例 8-1】实现简单上、中、下布局效果，实现代码如下：

```
<head>
<meta http-equiv="Content-Type" content="text/html; charset=utf-8" />
<title>无标题文档</title>
<style type="text/css">
*{ padding:0px; margin:0px;}
body{ background:#999;}
#head{ height:30px; background:#0CF; font-size:18px; font-weight:bolder;
padding:10px 0px;}
#content{ height:200px; background:#FFF; }
#footer{ height:30px; background:#0CF;font-size:18px; font-weight:bolder;
padding:10px 0px;}
</style>
</head>
```

```
<body>
    <div id="head">网页头部</div>
    <div id="content">
    <h1>正文</h1>
    <h1>正文</h1>
    <h1>正文</h1>
    </div>
    <div id="footer">底端</div>
</body>
```

运行后效果如图 8-2 所示。

图 8-2　上、中、下布局效果图

8.4.2　二列固定宽度

DIV 可以多层进行嵌套使用，嵌套的目的是实现更为复杂的页面排版。

如例 8-2 中的 center 部分为左右结构的布局。

【**例 8-2**】实现中部左右固定宽度布局，实现代码如下：

```
<head>
<meta http-equiv="Content-Type" content="text/html; charset=utf-8" />
<title>无标题文档</title>
  <style type="text/css">
   #header{ height:30px; background-color:#09C; width:900px;}
   #left{ width:400px; height:200px; float:left; background-color:#9CC}
   #right{ width:500px;height:200px; float:left; background-color:#FCC}
  </style>
</head>
<body>
<div id="header">头部</div>
<div id="center">
  <div id="left">左侧</div>
  <div id="right">右侧</div>
```

```
</div>
</body>
```

效果如图 8-3 所示。

图 8-3   二列固定宽度效果图

8.4.3   二列宽度自适应

我们还是从上面的代码入手，在二列布局情况下，中部左右栏宽度能做到自适应。设定自适应主要通过宽度的百分比值来实现，如例 8-3 所示。

【例 8-3】实现中部左右自适应宽度布局，实现代码如下：

```
<head>
<meta http-equiv="Content-Type" content="text/html; charset=utf-8" />
<title>无标题文档</title>
  <style type="text/css">
    #left{ width:40%; height:200px; float:left; background-color:#9CC}
    #right{ width:60%;height:200px; float:left; background-color:#FCC}
  </style>
</head>
<body>
  <div id="left">左侧</div>
  <div id="right">右侧</div>
</body>
```

效果如图 8-4 所示。

图 8-4   二列自适应宽度效果图

8.4.4　二列宽度自适应居中

设置居中只需使用 margin:auto;即可，在二列分栏中，需要控制使用 DIV 的嵌套设计来完成。可以使用一个居中的 DIV 作为容器，将二列分栏的 DIV 放置在容器中，如例 8-4 所示。

【例 8-4】实现设置两列自适应宽度，且整体居中效果。实现代码如下：

```
<head>
<meta http-equiv="Content-Type" content="text/html; charset=utf-8" />
<title>无标题文档</title>
  <style type="text/css">
  body{ background-color:#999;}
  #nav{ width:90%; margin:auto;}
   #header{ height:30px; background-color:#09C; }
    #left{ width:40%; height:200px; float:left; background-color:#9CC}
    #right{ width:60%;height:200px; float:left; background-color:#FCC}
  </style>
</head>


<body>
<div id="nav">
<div id="header">头部</div>
<div id="center">
   <div id="left">左侧</div>
   <div id="right">右侧</div>
</div>
</div>
</body>
```

效果如图 8-5 所示。

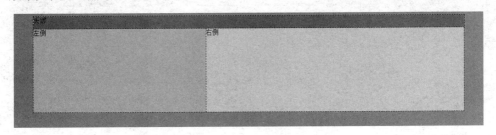

图 8-5　二列自适应宽度居中效果图

8.4.5　中间三列浮动布局

将例 8-2 中部部分改为左、中、右结构，如例 8-5 所示。

【例 8-5】实现设置三列浮动布局效果，实现代码如下：

```html
<head>
<meta http-equiv="Content-Type" content="text/html; charset=utf-8" />
<title>无标题文档</title>
 <style type="text/css">
 body{ background-color:#999;}
 #nav{ width:900px; margin:auto;}
   #header{ height:30px; background-color:#09C; }
   #left{ width:200px; height:200px; float:left; background-color:#9CC;}
   #mid{ width:400px; height:200px;float:left; background-color:#CC6;}
   #right{ width:300px;height:200px; float:left; background-color:#FCC;}
 </style>
</head>
<body>
<div id="nav">
<div id="header">头部</div>
<div id="center">
  <div id="left">左侧</div>
  <div id="mid">中部</div>
  <div id="right">右侧</div>
</div>
</div>
</body>
```

效果如图 8-6 所示。

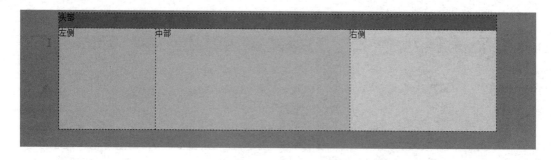

图 8-6　三列浮动居中效果图

8.4.6　UL+CSS 布局

在上述案例中导航使用 UL+CSS 在头部中实现，如例 8-6 所示。

【例 8-6】实现将导航加入布局后的效果，实现代码如下：

```html
 <head>
<link rel="stylesheet" type="text/css" href="8-6.css" />
</head>
<body>
<div id="nav">
<div id="header">
   <ul>
<li><a href="#">首页</a></li>
<li><a href="#">博客</a></li>
<li><a href="#">关于我们</a></li>
<li><a href="#">联系我们</a></li>
<li><a href="#">论坛</a></li>
</ul>
</div>
<div id="center">
   <div id="left">左侧</div>
   <div id="mid">中部</div>
   <div id="right">右侧</div>
</div>
</div>
</body>
```

CSS 代码如下：

```css
 body{ background-color:#999;}
 #nav{ width:900px; margin:auto;}
#header{ height:30px; background-color:#333; }
# center{clear:both;}
   #left{ width:200px; height:200px; float:left; background-color:#9CC;}
   #mid{ width:400px; height:200px;float:left; background-color:#CC6;}
   #right{ width:300px;height:200px; float:left; background-color:#FCC;}
   #header li{ float:left; list-style-type:none;}
   #header li a{ display:block; padding:6px 20px; color:#FFF;
text-decoration:none;}
   #header ul{ padding:0px; margin:0px;}
   #center{ clear:both;}
```

效果如图 8-7 所示。

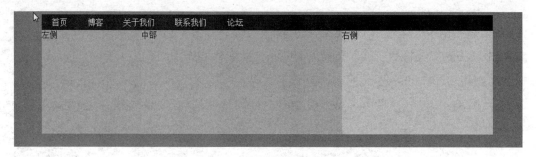

图 8-7　导航实现后的效果

说明：clear 清除浮动，表示是否允许在某个元素周围有浮动元素。当前面元素有浮动时，会影响到后面的元素也产生浮动，可以使用 clear 来清除该元素的浮动。

8.5　绝对定位与相对定位

8.5.1　绝对定位

相对于浮动来说，绝对定位是一种很好理解的定位方法。凡是采用 position:absolute;对象便开始进行绝对定位，绝对定位主要通过设置对象的 top、right、bottom 和 left 四个方向的边距来实现。一旦设置了绝对定位，它就完全脱离了文档流与浮动模型，独立于其他对象，并且普通流中其他元素的布局就像绝对定位的元素不存在一样，如图 8-8 所示。

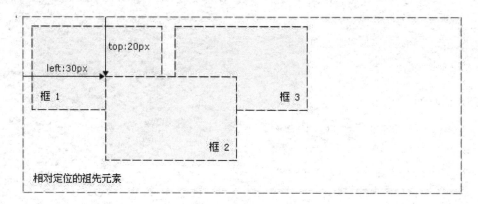

图 8-8　绝对定位效果

图 8-8 中"框 2"的绝对定位设置已经脱离了"框 1"和"框 3"的浮动定位而自成一体，浮动在画面之上，因此我们常常说绝对定位使元素的位置与文档流无关，不占据空间。CSS 代码如下：

```
#box_relative {
  position: absolute;
```

```
    left: 30px;
    top: 20px;
}
```

与此同时，"框 2"的位置由 top 值及 left 值决定，分别相对于浏览器窗口的上边距与左边距。

由于绝对定位的位置由自身的边距决定，因此会出现一个问题，即元素的重叠。这种情况下，CSS 允许我们通过设置对象的 z-index 属性，以设置其重叠的先后顺序，也就是 Z 轴的顺序。CSS 代码如下：

```
#a,#b,#c,#d{ width:200px; height:200px; border:2px solid #999;
background-color:#CCC}
#a{ float:left;}
#c{ float:left;}
#b{ position:absolute;
    top:80px;
    left:100px;
    z-index:1;
}
#d{ position:absolute;
    top:70px;
    left:160px;
    z-index:0;
}
```

运行结果如图 8-9 所示。

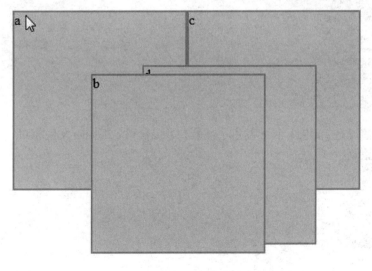

图 8-9　设置 Z 轴顺序的效果

图 8-9 中我们也可以重新设置它们的 Z 轴的顺序，以 z-index 的数值大小为准，大值对象的层级位于小值对象之上。

8.5.2　相对定位

实际上，相对定位就是浮动定位与绝对定位的扩展方式。相对定位使得被设置元素保持与其原始位置相对，并不破坏其原始位置的信息，如图 8-10 所示。

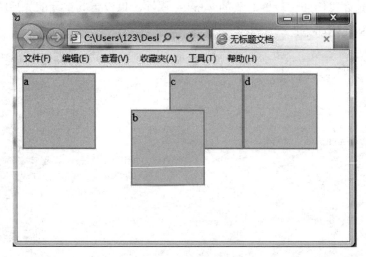

图 8-10　相对定位效果图

当 b 元素设置为相对定位时，它将相对于自身的原始位置进行定位，而其原始的占位信息依然存在，所以 c 和 d 继续浮动在 b 的右侧。CSS 代码如下：

```css
#a,#b,#c,#d{ width:100px; height:100px; border:2px solid #999;
background-color:#CCC;float:left;}
#b{ position:relative;
    top:50px;
    left:50px;
    z-index:1;
}
```

另外一种情况是，如果 b 和 c 发生了嵌套，那么 b 和 c 都同时发生相对定位。代码如下：

```html
<div id="a">a</div>
<div id="b">b
<div id="c">c</div>
</div>
<div id="d">d</div>
```

CSS 代码：

```
#a,#b,#c,#d{ width:100px; height:100px; border:2px solid #999;
background-color:#CCC;float:left;}
#b{ position:relative;
    top:50px;
    left:50px;
    z-index:1;}
#c{ position:relative;
    top:10px;
    left:10px;
    z-index:1;}
```

运行效果如图 8-11 所示。

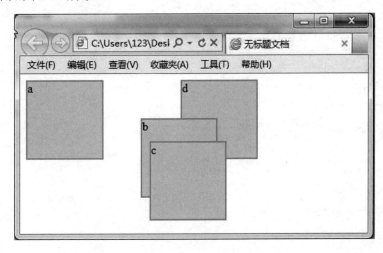

图 8-11　b、c 嵌套时且同时相对定位效果

这种情况下，c 的相对定位是相对于 b 而言的，并且在 b 元素之中仍然保留着 c 的占位信息。同样，相对定位也可以与绝对定位同时发生。

8.6　小型案例实训

本案例在例 8-6 基础上修改正文部分，实现第 9 章中博客网页的布局效果。

实现博客网页布局框架，代码如下：

```
<body>

<div id="nav">
<h1>个人网页</h1>
<div id="head">
<ul>
<li><a href="#">首页</a></li>
```

```
<li><a href="#">博客</a></li>
<li><a href="#">关于我们</a></li>
<li><a href="#">联系我们</a></li>
<li><a href="#">论坛</a></li>
</ul>
</div>
<div id="main">
<div id="left">
<div class="as">
<span>个人资料</span>
</div>
<div class="as">
<span>博客文章</span>
</div>
</div>
<div id="mid">
<div class="as">
<span>大家好，这是我的第一篇博客</span>
</div>
</div>
<div id="right">
<div class="as">
<span>友情链接</span>
</div>
<div class="as">
<span>博客文章</span>
</div>
<div class="as">
<span>访客总量</span>
</div>
</div>
</div>
<div id="bottom">
&copy;HTML 公司版权所有 | 1996 - 2010 | 电话 400000000 </div>
</div>
</body>
```

CSS 代码：

```
body{ background:url(06_5_bg.jpg); font-size:12px; line-height:22px;}
#nav{ margin:auto; width:790px;}
```

```
#head{ height:30px; background:url(06_5.png) repeat-x 100% -30px;}
#head ul{ margin:0px; padding:0px;}
#head li{ float:left; list-style-type:none;}
#head li a{ color:#FFF; text-decoration:none; display:block; width:90px;
padding-top:8px; text-align:center; background:url(06_5.png) no-repeat
100% -60px;  }
#left,#right{ width:200px; float:left;}
#mid{ width:380px; float:left; padding:0px; margin:0px 5px;}
h3{ margin:0px;}
.as{ background-color:#FFF; margin-bottom:10px; height:200px;}
#tu{ width:120px; margin:auto; text-align:center}
#bottom{ text-align:center; color:#FFF;}
span{ font-size:14px; font-weight:bolder;}
```

运行效果如图 8-12 所示。

图 8-12　小型案例效果图

习　　题

一、单选题

1. 关于 CSS 3 边框，以下描述错误的是(　　)。

    A. border-radius: 用于圆角　　　　　　　B. border-image: 用于图片创建边框

C. border-shadow: 用于添加盒子阴影　　D. text-shadow: 用于添加盒子阴影

2. 用来清除浮动的属性是( )。

    A. float　　　　　　　　B. relative　　　　　　C. position　　　　　　D. clear

3. 下列不属于 CSS 盒模型的属性是( )。

    A. margin　　　　　　　B. padding　　　　　　C. border　　　　　　D. font

4. 边框的复合属性不包括( )。

    A. 粗细　　　　　　　　B. 长短　　　　　　　C. 颜色　　　　　　D. 样式

5. CSS 规则 p{ margin:20px 10px;}的效果是( )。

    A. 仅设置了上边框 20px，以及右边距为 10px

    B. 仅设置了上边框 20px，以及下边距为 10px

    C. 设置了上、下边框 20px，以及左、右边距为 10px

    D. 设置了上、右边框 20px，以及下、左边距为 10px

二、上机题

使用 DIV+CSS 实现如图 8-13 所示的页面结构设计。

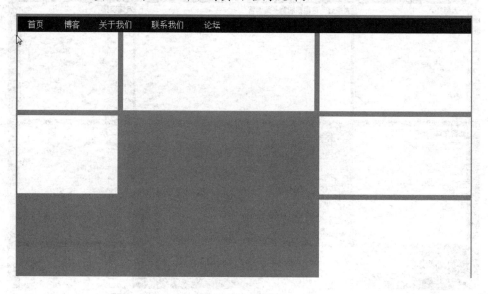

图 8-13　效果图

第9章 网页布局实例

本章要点

(1) 个人博客主页设计；

(2) 右侧浮动案例设计。

学习目标

(1) 掌握个人博客主页和右侧浮动案例的设计方法；

(2) 掌握复杂网页版面设计。

9.1 网页布局实例——个人博客主页

本实例是在第 8 章案例的基础上进行完整设计，我们通过设计个人博客的主页来加强对网页布局的理解。页面的最终效果如图 9-1 所示。

图 9-1 个人博客主页整体效果

本实例首先对页面进行布局规划，页面整体为上、中、下布局，中部又划分为上、下结构，上面为导航区域，下面再划分为左、中、右结构，每一个面板也是一个区域。博客页面的实现 HTML 代码如下：

```
<body>
<div id="nav">
<h1>HTML 博客</h1>
http://www.boke.com
<div id="head">
<ul>
<li><a href="#">首页</a></li>
<li><a href="#">博客</a></li>
<li><a href="#">关于我们</a></li>
<li><a href="#">联系我们</a></li>
<li><a href="#">论坛</a></li>
</ul>
</div>
<div id="main">
<div id="left">
<div class="as">
<span>个人资料</span>
<div id="tu"><img src="a/06_5_photo.jpg" width="120" height="120" /><br />
刘某某
</div>
</div>
<div class="as">
<span>博客文章</span>
<ul class="list">
                <li>HTML 简介</li>
                <li>HTML 基本概念</li>
                <li>HTML 文档结构</li>
                <li>HTML 编辑器介绍</li>
                <li>基本元素介绍</li>
                <li>超链接元素</li>
                <li>图片元素</li>
        </ul>
</div>
</div>
<div id="mid">
<div class="as">
<h3>大家好，这是我的第一篇博客</h3>
                <p style="text-indent:2em">我已经在 BLOG 安家了，欢迎你"常过来
看看"，大家多多交流哦。我们可以一起把这里变成共同的心灵家园，像家一样温暖的地方。</p>
```

```
            <p style="text-indent:2em">我会把一些新鲜有趣的东西记录下来一
块与你分享，也希望你能够记住我的 BLOG 地址，像老朋友一样经常过来做客——你可以把"她"添
加到你的收藏夹中，也可以把"她"复制下来告诉你的朋友们。特别希望能通过你，让我认识更多的
好朋友。如果还有不了解的，就跟着我一起来看看拥有所有博客知识和维护技巧的博客帮助站吧。
            <p style="text-indent:2em">我的 BLOG 地址：
http://blog.com.cn/</p>
</div>
</div>
<div id="right">
<div class="as">
<span>我的好友</span>
<ul class="list">
                <li>刘德华</li>
                <li>张学友</li>
                <li>郭富城</li>
                <li>黎明</li>
                <li>李宗盛</li>
        </ul>
</div>
<div class="as">
<span>友情链接</span>
<ul class="list">
                <li>刘德华的博客</li>
                <li>张学友的博客</li>
                <li>郭富城的博客</li>
                <li>黎明的博客</li>
                <li>李宗盛的博客</li>
        </ul>
</div>
<div class="as">
<span>访客统计</span>
<ul class="list">
                <li>总共访问量：829 人</li>
                <li>今日访问量：28 人</li>
        </ul>
</div>
</div>
</div>
<div id="bottom">简介 | 关于我们 | 广告服务 | 联系我们</div>
```

```
</div>
</body>
```

CSS 代码如下：

```
body{ background:url(a/06_5_bg.jpg); font-size:12px; line-height:22px;}
#nav{ margin:auto; width:790px;}
#head{ height:30px; background:url(a/06_5.png) repeat-x 100% -30px;}
#head ul{ margin:0px; padding:0px;}
#head li{ float:left; list-style-type:none;}
#head li a{ color:#FFF; text-decoration:none; display:block; width:90px;
padding-top:8px; text-align:center; background:url(a/06_5.png) no-repeat
100% -60px;  }
#left,#right{ width:200px; float:left;}
#mid{ width:380px; float:left; padding:0px; margin:0px 5px;}
h3{ margin:0px;}
.as{ background-color:#FFF; margin-bottom:10px;}
#tu{ width:120px; margin:auto; text-align:center}
.list{ margin:0px; padding:10px 20px; list-style-type:none;}
.list li{ display:block; height:28px; border-bottom:dashed 1px #999}
span{ font-size:14px; font-weight:bolder;}
#bottom{ text-align:center; color:#FFF; clear:both;}
```

这里中部的左、中、右结构，三个 div：left,right,mid 都需要设置为 float:left，并且设置宽度，中部三个 div 才能横向排版，文档代码结构如图 9-2 所示。

图 9-2　方法一文档代码结构图

对于中部的排版还有方法二：对左侧#left 实现 float:left，对#right 实现 float:right，中部 #mid 也实现 float:left。但是要对#right 实现 float:right 就必须将#right 创建在#mid 的前面。文档代码结构如图 9-3 所示。

```
|<body>
 <div id="nav">
 <h1>HTML博客</h1>
 http://www.boke.com
 <div id...
 <div id="main">
 <div id="left">
 <div cl...
 <div cl...
 </div>
 <div id="right">
 <div cl...
 <div cl...
 <div cl...
 </div>
 <div id="mid">
 <div cl...
 </div>
 </div>
 <div id...
 </div>
 </body>
```

图 9-3　方法二文档代码结构图

CSS 代码如下：

```
body{ background:url(a/06_5_bg.jpg); font-size:12px; line-height:22px;}
#nav{ margin:auto; width:790px;}
#head{ height:30px; background:url(a/06_5.png) repeat-x 100% -30px;}
#head ul{ margin:0px; padding:0px;}
#head li{ float:left; list-style-type:none;}
#head li a{ color:#FFF; text-decoration:none; display:block; width:90px;
padding-top:8px; text-align:center; background:url(a/06_5.png) no-repeat
100% -60px;  }
#left{ width:200px; float:left;}
#right{width:200px; float:right;}
#mid{ width:380px;  padding:0px; margin:0px 5px; float:left;}
h3{ margin:0px;}
.as{ background-color:#FFF; margin-bottom:10px;}
#tu{ width:120px; margin:auto; text-align:center}
.list{ margin:0px; padding:10px 20px; list-style-type:none;}
.list li{ display:block; height:28px; border-bottom:dashed 1px #999}
span{ font-size:14px; font-weight:bolder;}
#bottom{ text-align:center; color:#FFF; clear:both;}
```

9.2 网页布局实例——右侧浮动案例

接下来我们再看一个右侧浮动的案例，页面效果如图9-4所示。

图9-4　右侧浮动案例网页效果图

右侧浮动案例实现的 HTML 代码如下。

```
<head>
<meta http-equiv="Content-Type" content="text/html; charset=utf-8" />
<title>无标题文档</title>
<link rel="stylesheet" type="text/css" href="index.css" />
</head>
<body>
<div id="nav">
  <div id="head">
    <span> Summer Flower</span><br />
```

```html
        <p> - hide in the summer<br />
         - 生如夏花</p>
    </div>
<div id="head1">
    <ul>
 <li><a href="index.html">About me</a></li>
    <li><a href="Design.html">Design</a></li>
    <li><a href="Movie.html">Movie</a></li>
    <li><a href="#">Presents</a></li>
    <li><a href="#">act information</a></li>
    <li><a href="#">Cont</a></li>
    </ul>
    </div>
    <div id="main">
<div id="right">
    <ul>
 <li> <a href="#"> Summer Choice music</a></li>
    <li><a href="#"> Sunshine</a></li>
     <li><a href="#">Rainbow</a></li>
     <li><a href="#">Water</a></li>
     <li><a href="#">Beach</a></li>
     <li><a href="#">Hide in the summer</a></li>
     <li><a href="#">Miss summer is here</a></li>
     <li><a href="#">Summer Travel</a></li>
     <li><a href="#">Summer Calendar</a></li>
     </ul>
</div>
    <div id="left">
    <h1>Summer</h1>
    <pre>
西瓜的清甜，蝉鸣的颤抖，环球旅行的机票；

漫天都是炙热的阳光，满街夹脚拖鞋噼啪噼啪地走过。

夏天又到了。

我喜欢的那个女孩，一整个夏天，都会穿各种花团锦簇的裙子；

隔壁宿舍楼的男生，一整个夏天，都会在公共水房里泼水嬉闹；
```

马路对面的照相馆，一整个夏天，都在拍摄毕业留念和婚纱照。

......

```
<img src="img/p3.jpg" width="486" height="448" />
```

仿佛一到夏天，那些名为闲散、梦想、欢乐和惆怅的情绪，

好像都来得格外容易。

时间有无数个交替轮回的瞬间，

地球上有无数个经纬度的交点，

一想到你还在和我共享同一个夏天——

我们那个漫无止境的夏天啊，

好像有清风洞穿胸膛，瞬间贯通千言万语。

```
    </Pre>
      </div>
    </div>
</div>
</body>
</html>
```

CSS 代码如下：

```
body{ background:url(img/bg.gif);}
#nav{ width:900px; margin:auto; border:20px #FFFFFF solid;
border-radius:25px;background:#FFF;}
#head{ background:url(img/top-bg.jpg); height:210px; padding:40px 0px 0px
400px; color:#FFF;}
span{ font-weight:bolder; font-size:40px;}
#head1{ height:30px; background:url(img/menu-bg.gif);}
#head1 li{ float:left; list-style-type:none; }
#head1 ul{ padding:0px; margin:0px;}
#head1 li a{ color:#FFF; font-weight:bolder; display:block; padding:4px 20px;
text-decoration:none;background:url(img/menu-sep.gif) no-repeat }
```

```
#head1 li a:hover{ background:url(img/menu-bg_hover.gif);}
#main{}
h1{ color:#F99; font-weight:normal;}
#left{ padding:0px; width:600px; line-height:25px; font-size:12px}

#right{ width:220px; float:right; background:#fafafa; margin-top:70px;}
#right li{ list-style-type:none;}
#right ul{ padding:0px; margin:0px;}
#right a{ color:#aaa; display:block; padding:8px 20px; text-decoration:none;
border-bottom:1px solid #aaa; margin:0px;}
#right a:hover{ background:#2679B7; color:#D8E9F1; }
```

说明：

(1) 注意这里网页中<div id="right"></div>要放在<div id="left"></div>前面。

(2) border-radius:25px;为 CSS 3 新增属性，向 div 元素添加圆角边框，一般与 border
配合使用。注意 border-radius 在 IE 9 以上浏览器才能看到效果。

文档代码结构如图 9-5 所示。

```
<body>
<div id="nav">
   <div id="head">
      <span> ...
   </div>
<div id="head1">
   <ul> <l...
   </div>
 <div id="main">
   <div id="right">
   <ul> <...
   </div>
    <div id="left">
   <h1>Sum...
      </div>
   </div>
</div>
</body>
```

图 9-5　文档代码结构图

9.3　网页效果欣赏

在页面设置时，我们可以适当添加一些线条，在简单的页面中加几条线条可以使页面
有层次感，如图 9-6 所示。

我们也可以利用边框来修饰页面，如图 9-7 至图 9-9 所示。

图 9-6　加上线条的页面效果

图 9-7　用边框修饰的页面效果

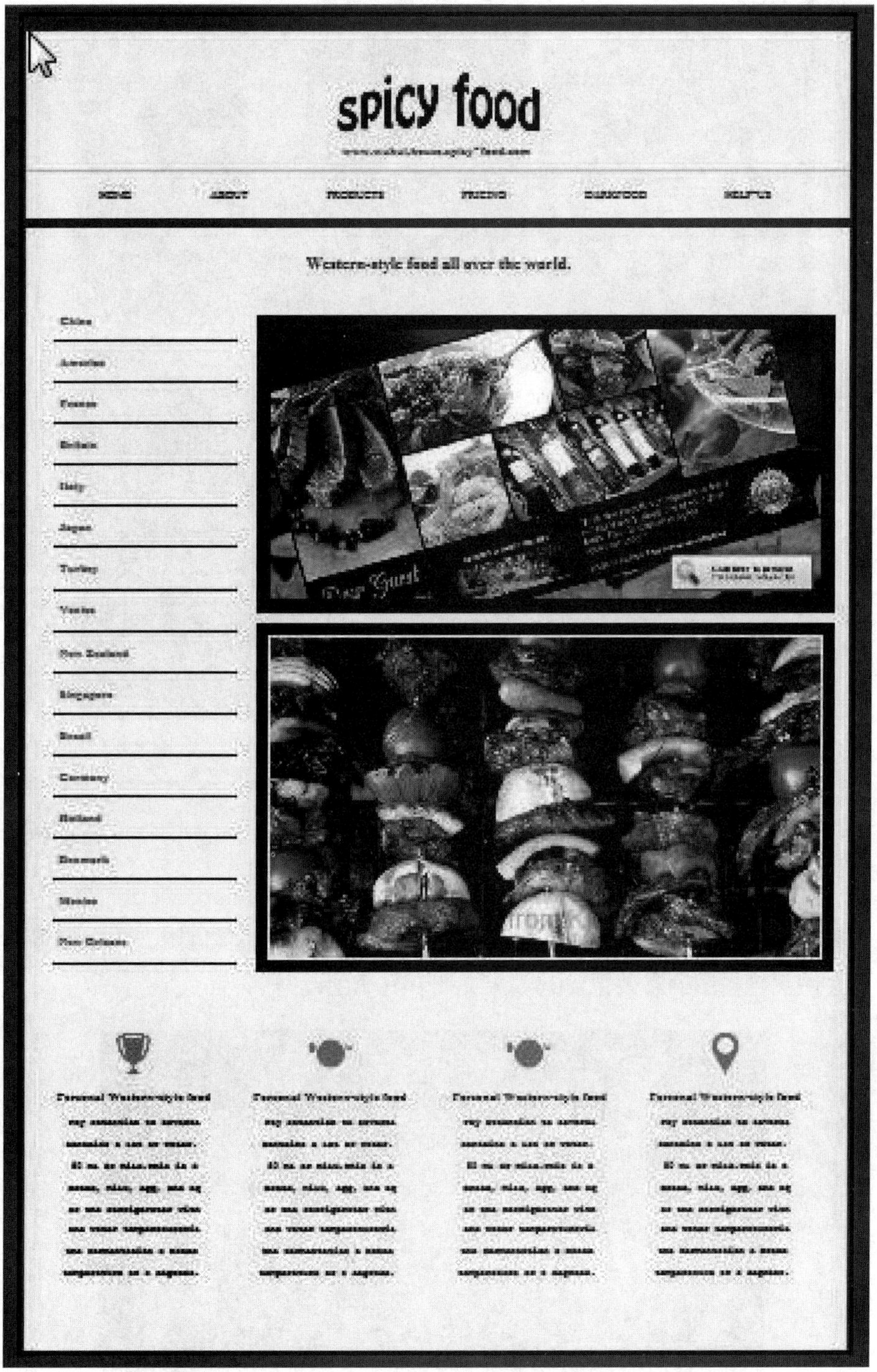

图 9-8　边框效果的搭配欣赏

图 9-9 带圆角边框页面欣赏

9.4 小型案例实训

在本案例中将继续讲解浮动、定位及清除浮动等效果的综合运用。本案例将通过各步骤制作一个网页轮播图静态效果，其效果如图 9-10 所示。

图 9-10 网页轮播图静态效果

　　当鼠标指针移到图片上时，图片两侧将会出现图片切换按钮。网页轮播图的结构效果如图 9-11 所示，从结构图中可以看出整个轮播图可以分为 3 部分：中间的焦点图部分使用<img>创建；底下的切换小圆圈由<ul><li>创建；左右焦点图切换按钮使用<div>创建。

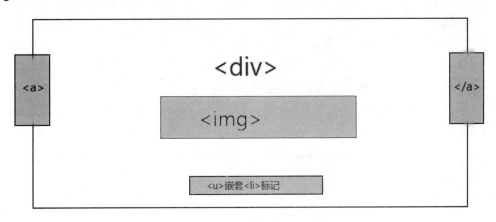

图 9-11　轮播图结构图

本案例 body 部分的代码如下：

```
<body>
<div id="box">
  <div id="imglist">
   <img src="img/tim.jpg">
   </div>
  <ul class="list">
  <li class="current"></li>
    <li></li>
    <li></li>
    <li></li>
    <li></li>
    <li></li>
  </ul>
  <div class="slide silde-left"><</div>
  <div class="slide silde-right">></div>
</div>
</body>
```

CSS 样式代码如下：

```
  <style>
 #box{ width:600px; height:340px; margin:100px auto; position:relative;/*
设置相对定位*/}
```

```
    /*下面的切换小圆圈实现*/
    .list{ padding:0px; margin:0px; list-style:none; position:absolute;/*设
置相对定位*/ left:50%; bottom:10px; margin-left:-45px;}
    .list li{ float:left; margin:0px 4px; background-color:#FFF; width:10px;
height:10px; border-radius:50%; cursor:pointer;}
    .list li.current{background-color:#F00;}
    /*左右的切换按钮实现*/
    .slide{ width:25px; height:90px; background:#333; position:absolute;
top:50%; color:#FFF; font-weight:bolder; text-align:center;
line-height:90px; margin-top:-45px; cursor:pointer;font-family:simsun;
opacity:0.7;border-radius:5px;}
    .slide-left{left:-10px;}
    .slide-right{ right:-10px;}
</style>
```

习　　题

一、单选题

1. 定位 position:absolute;实现的是(　　　)。

　　　A. 浮动　　　　　　B. 相对定位　　　C. 绝对定位　　　D. 没有定位

2. 在 CSS 3 自定义字体中，必需的属性是哪两个？(　　　)

　　　A. font-family、src　　　　　　　　B. font-family、font-weight

　　　C. font-weight、src　　　　　　　　D. font-style、font-stretch

3. 下列 CSS 规则能让内容不显示的选项是(　　　)。

　　　A. div{ display:block;}　　　　　　B. div{ display:none;}

　　　C. div{ display:inline;}　　　　　　D. div{ display:hidden;}

4. 下列 CSS 规则中能够让列表项水平排列的选项是(　　　)。

　　　A. li{ float:left;}　　　　　　　　B. li{ float:none;}

　　　C. li{ float:middle;}　　　　　　　D. div{ float:up;}

二、简答题

1. CSS 3 圆角可以设置几个值？每个值分别代表什么？

2. 在 CSS 中，常见的背景属性有哪几个？它们的作用是什么？

三、上机题

1. 实现如图 9-12 所示效果页面。

2. 实现页面欣赏(如图 9-8 所示)页面效果。

图 9-12　效果图

第 10 章 过滤、变形和动画

本章要点

(1) 过滤属性；

(2) 2D 移位、缩放、倾斜、旋转的创建；

(3) 3D 移位、旋转、缩放的创建；

(4) CSS 3 动画属性。

学习目标

(1) 掌握 CSS 3 过滤属性的应用；

(2) 掌握 CSS 的 2D 变形应用；

(3) 掌握 CSS 的 3D 变形应用；

(4) 掌握 CSS 3 中的动画应用。

一直以来 CSS 给人们的印象，就是页面布局和美化。通过 CSS 能实现对网页进行精细的布局，同时也能使结构和样式分离。如果要修改网页的样式，只修改样式表就可以，通过修改样式使改变网站的整体风格变得非常容易。如果在网页中遇到动画，或者元素要动态改变大小、形状、位置等，CSS 将无能为力，这时就要用到 JavaScript，甚至 Flash 动画了。

但是 CSS 3 的出现改变了人们对 CSS 的认知，通过使用 2D、3D 变形方法也可以实现动画效果。

10.1 过　　滤

CSS 3 提供了强大的过滤属性，它可以在不使用 Flash 或 JavaScript 脚本的情况下，为元素从一种样式转变为另一种样式时添加效果，如渐显、渐弱、动画快慢等。在 CSS 3 中过滤属性主要包括：transition-property、transition-duration、transition-timing-function、transition-delay，本节将分别对这些过滤属性进行详细讲解。

transition 属性是复合属性，可以像 border、margin 等属性一样简写。出于简洁性，transition 语法通常简写，其基本语法如下：

```
transition: [transition-property transition-duration
transition-timing-function transition-delay]
```

transition 主要包括 4 个属性值。

◎ transition-property：规定应用过滤的 CSS 属性的名称。

◎ transition-duration：定义过滤效果花费的时间，默认值是 0。

◎ transition-timing-function：规定过滤效果的时间曲线，默认值是 ease。

◎ transition-delay：规定过滤效果何时开始，即延迟时间，默认值是 0。

1. transition-property 属性

transition-property 属性的取值包括 none、all 和 property 三个，具体说明如表 10-1 所示。

表 10-1 transition-property 属性值

属 性 值	描 述
none	没有属性会获得过滤效果
all	所有属性都将获得过滤效果
property	定义应用过滤效果的 CSS 属性名称，多个名称之间以逗号分隔

【例 10-1】通过 transition-property 属性修改背景色。

```
<style>
div{
  width:400px;
  height:100px; background-color:red;
  transition:background-color;
  -webkit-transition:background-color;
-moz-transition:background-color;
-o-transition:background-color;}
div:hover{ background-color:blue;


}
</style>
</head>
<body>
<div>
指上我会改变背景色。
</div>
</body>
```

例 10-1 中，当鼠标指针移入 div 时，背景色会由红色变成蓝色。这里为了解决浏览器兼容问题，分别添加了-webkit-、-moz-、-o-等不同浏览器前缀兼容代码。下面设置 transition-duration 属性设置过滤变化的时间。

2. transition-duration 属性

transition-duration 属性用来定义转换过滤的时间，单位为 s。在例 10-1 代码基础上添加过滤时间为 5s，代码如下：

```
div{
  width:400px;
  height:100px; background-color:red;
  transition:background-color  5s;
  -webkit-transition:background-color 5s;
-moz-transition:background-color 5s;
-o-transition:background-color  5s;
}
```

浏览时会发现 div 的背景色从红色逐渐过渡到蓝色。

3. transition-timing-function 属性

transition-timing-function 属性用来指定过滤效果的速度曲线，默认值为 ease。transition-timing-function 属性的取值有很多，常见的属性值如表 10-2 所示。

表 10-2　transition-timing-function 属性值

属 性 值	描　述
linear	指定以相同速度开始至结束的过滤效果，等同于 cubic-bezier(0,0,1,1)
ease	以指定速度开始，然后加快，最后慢慢结束的过滤效果，等同于 cubic-bezier(0.25,0.1,0.25,1)
ease-in	指定以慢速开始，然后逐渐加快(淡入效果)的过渡效果，等同于 cubic-bezier(0.42,0,1,1)
ease-out	指定以慢速结束(淡出效果)的过渡效果，等同于 cubic-bezier(0,0,0.58,1)
ease-in-out	指定以慢速开始和结束的过渡效果，等同于 cubic-bezier(0.42,0,0.58,1)
cubic-bezier(n,n,n,n)	定义用于加速或者减速的贝塞尔曲线的形状，它们的值在 0~1 之间

下面通过例 10-2 来演示 transition-timing-function 属性的用法。

【例 10-2】使用 transition-timing-function 属性设置 border-radius 过渡效果。

```
<style>
div{ width:200px; height:200px; border:5px solid red;
 border-radius:0px;}
 div:hover{ border-radius:105px;
 transition:border-radius 5s ease;
 -webkit-transition:border-radius 5s ease;
 -moz-transition:border-radius 5s ease;
 -o-transition:border-radius 5s ease;
```

```
    }
</style>
</head>

<body>
<div></div>
</body>
```

运行效果如图 10-1 所示。

图 10-1 边框由正方形过渡为圆形效果

例 10-2 中，当鼠标指针指到 div 区域时，正方形将慢慢开始变化成圆形，效果如图 10-1 所示。

4. transition-delay 属性

transition-delay 属性用来指定一个过滤开始执行的时间，也就是当元素属性值改变后多长时间去执行过滤效果，这个值可以是正值、负值或 0。在例 10-2 代码基础上添加 transition-delay 属性时间为 3s，代码如下：

```
div:hover{ border-radius:105px;
 transition:border-radius 5s ease 3s;
-webkit-transition:border-radius 5s ease 3s;
-moz-transition:border-radius 5s ease 3s;
-o-transition:border-radius 5s ease 3s;
  }
```

注意

transition-duration 和 transition-delay 在 transition 属性中都表示时间，不同的是 transition-duration 是指过渡完成所需的时间，而 transition-delay 是指过渡在什么时间之后触发。

10.2 CSS 3 2D 变形简介

CSS 3 变形是一些效果的集合，比如平移、旋转、缩放、倾斜等，每个效果都可以称为变形(Transform)，它们可以操控元素发生平移、旋转、缩放、倾斜等变化。这些效果在之前都需要依赖图片、Flash 动画、JavaScript 才能完成，现在可以使用纯 CSS 3 来实现而不需要一些额外的文件，既提升了开发的效率，也提高了页面的执行速度。

CSS 3 变形是通过 transform 实现的，它可以作用在块元素和行内元素上，可以旋转、缩放、移动，它的基本语法如下：

```
transform: [transform-function]*;
```

说明：

transform-function：设置变形函数，可以是一个，也可以是多个，中间用空格分开。常用的变形函数如下。

◎ translate()：平移函数，基于 x,y 坐标重新定位元素的位置。

◎ scale()：缩放函数，可以使任意元素的对象尺寸发生变化。

◎ rotate()：旋转函数，取值是一个度数值。

◎ skew()：倾斜函数，取值是一个度数值。

CSS 3 属性都有兼容性问题，CSS 3 2D 变形也不例外。下面简单介绍 2D 变形在主流浏览器中的支持情况，如表 10-3 所示。

表 10-3　2D 变形浏览器兼容性

属　性					
2D transform	9+	3.5+	4.0+	10.5+	3.1+

CSS 3 的 2D 变形虽然得到众多浏览器的支持，但是实际使用的时候还需要添加浏览器各自的私有属性(前缀)。

在 IE 9 中使用 2D 变形时，需要添加-ms-前缀，IE 10 以后开始支持标准版本。

Firefox 3.5 至 Firefox 15.0 版本需要添加前缀-moz-，Firefox 16 以后开始支持标准版本。

Chrome 4.0 开始支持 2D 变形，在实际使用中需要添加前缀-webkit-。

Opera 10.5 开始需要添加前缀-o-。

Safari 3.1 开始支持 2D 变形，在实际使用中需要添加前缀-webkit-。

10.3　2D 变形

在二维空间或三维空间，元素都可以被扭曲、移动、旋转，只不过 2D 变形是在 x 轴和 y 轴上变换，也就是大家常说的水平轴和垂直轴。

10.3.1　2D 位移

2D 位移指的是将元素从一个位置移动到另一个位置，可以使用 transform()函数让元素在 x 轴、y 轴上任意移动而不影响 x 轴或 y 轴上的其他元素。

2D 位移的语法如下：

```
translate(tx,ty);
```

说明：

(1) tx 表示 x 轴(横坐标)移动的向量长度。如果为正值，元素向 x 轴右边移动，为负值则向 x 轴左边移动。

(2) ty 表示 y 轴(纵坐标)移动的向量长度。如果为正值，元素向 y 轴下边移动，为负值则向 y 轴上边移动。

【例 10-3】在横向导航中实现 2D 移位效果。代码如下：

```
<style>
li{
  list-style:none;
  float:left;
  background:rgba(242,123,5,0.61);
  border-radius:6px;
  font-size:16px;
  margin-left:5px;
  }
 li a{
    border-radius:6px;
    text-decoration:none;
    color:#fff;
    display:block;
    padding:5px 10px;
    }
li a:hover{
    background:rgba(242,88,6,0.87);
    /*设置 a 元素在鼠标指针移入时向右下角移动 4px,8px*/
```

```
        transform:translate(4px,8px);
        -webkit-transform:translate(4px,8px);
        -o-transform:translate(4px,8px);
        -moz-transform:translate(4px,8px);
        } </style>
<body>
<ul>
<li><a href="#">服装城</a></li>
<li><a href="#">美妆馆</a></li>
<li><a href="#">超市</a></li>
<li><a href="#">全球购</a></li>
<li><a href="#">团购</a></li>
<li><a href="#">拍卖</a></li>
<li><a href="#">金融</a></li>
</ul>
</body>
```

运行效果如图 10-2 所示。

图 10-2　translate 动画效果

> **注意**
>
> 　　当 translate()函数只有一个值的时候，表示水平偏移；如果只设置垂直偏移，就必须设置第一个参数值为 0，第二个参数值是垂直偏移量。

如果只想设置一个方向上的位移，还可以使用如下函数。

◎ translateX(tx)：表示只设置 x 轴的位移，transform:translate(100px,0)实际上等于 transform:translateX(100px)。

◎ translateY(ty)：表示只设置 y 轴的位移，transform:translate(0,100px)实际上等于 transform:translateY(100px)。

10.3.2　2D 缩放

scale()函数用来缩放元素大小，该函数包含两个参数值，分别定义宽度和高度的缩放比例，默认值为 1。0 至 0.99 之间的任意值都能让元素缩小，而大于 1 的任意值都能让元素放大，如例 10-4 所示。

scale()函数和 translate()函数的语法非常相似，可以只接受一个值，也可以接受两个值，只有一个值时，第二个值默认和第一个值相等，例如 scale(2)和 scale(2，2)都会让元素放大 2 倍。

2D 缩放的语法如下：

```
scale(sx,sy)或者 scale(sx)
```

说明：

(1) sx 指定横坐标(宽度)方向的缩放量。

(2) sy 指定纵坐标(高度)方向的缩放量。

【例 10-4】在横向导航中实现 2D 缩放效果。代码如下：

```
<style>
li{
  list-style:none;
  float:left;
  background:rgba(242,123,5,0.61);
  border-radius:6px;
  font-size:16px;
  margin-left:5px;
  }
 li a{
    border-radius:6px;
    text-decoration:none;
    color:#fff;
    display:block;
    padding:5px 10px;
    }
li a:hover{
    background:rgba(242,88,6,0.87);
    /*设置 a 元素在鼠标指针移入时放大 1.5 倍显示*/
    transform:scale(1.5);
    -webkit-transform:scale(1.5);
    -o-transform:scale(1.5);
    -moz-transform:scale(1.5);
    }
    </style>
</head>

<body>
```

```
<ul>
<li><a href="#">服装城</a></li>
<li><a href="#">美妆馆</a></li>
<li><a href="#">超市</a></li>
<li><a href="#">全球购</a></li>
<li><a href="#">团购</a></li>
<li><a href="#">拍卖</a></li>
<li><a href="#">金融</a></li>
</ul>
</body>
```

运行效果如图 10-3 所示。

服装城　美妆馆　超市　全球购　团购　拍卖　金融

图 10-3　scale 动画效果

> **注意**
>
> 除了使用 scale()函数设置元素在 x 轴和 y 轴方向同时缩放,也可以仅设置元素沿着 x 轴或 y 轴方向缩放。
>
> ◎　scaleX(sx): 表示只设置 x 轴的缩放,transform:scale(2,0)实际上等于 transform: scale X(2)。
>
> ◎　scaleY(sy): 表示只设置 y 轴的缩放,transform:scale(0,2)实际上等于 transform: scaleY(2)。

10.3.3　2D 倾斜

skew()函数能让元素倾斜显示,如例 10-5 所示。

2D 倾斜的语法如下:

```
skew(ax,ay)或者 skew(ax)
```

说明:

(1)　ax 指定元素水平方向(x 轴)的倾斜角度。

(2)　ay 指定元素垂直方向(y 轴)的倾斜角度。

(3)　ax 或 ay 是角度值,单位为 deg。

【例 10-5】在横向导航中实现 2D 倾斜效果。代码如下:

```
<style>
```

```
li{
    list-style:none;
    float:left;
    background:rgba(242,123,5,0.61);
    border-radius:6px;
    font-size:16px;
    margin-left:5px;
    }
 li a{
    border-radius:6px;
    text-decoration:none;
    color:#fff;
    display:block;
    padding:5px 10px;
    }
li a:hover{
    background:rgba(242,88,6,0.87);
    /*设置a元素在鼠标指针移入时放大1.5倍显示*/
    transform:skew(40deg,-20deg);
    -webkit-transform:skew(40deg,-20deg);
    -o-transform:skew(40deg,-20deg);
    -moz-transform:skew(40deg,-20deg);
    }
    </style>
</head>
<body>
<ul>
<li><a href="#">服装城</a></li>
<li><a href="#">美妆馆</a></li>
<li><a href="#">超市</a></li>
<li><a href="#">全球购</a></li>
<li><a href="#">团购</a></li>
<li><a href="#">拍卖</a></li>
<li><a href="#">金融</a></li>
</ul>
</body>
```

运行效果如图 10-4 所示。

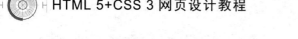

图 10-4　skew 动画效果

10.3.4　2D 旋转

rotate()函数能够让元素在二维空间里绕着一个指定的角度旋转，这个元素对象可以是行内元素，也可以是块元素。旋转的角度值如果是正值，元素相对原点顺时针旋转；如果是负值，元素相对原点逆时针旋转，如例 10-6 所示。

2D 旋转的语法如下：

```
rotate(a);
```

说明：

(1)　rotate()函数只接受一个值 a，代表角度值。

(2)　a 的取值为正值，元素相对原点顺时针旋转。

(3)　a 的取值为负值，元素相对原点逆时针旋转。

(4)　a 的单位使用 deg。

【例 10-6】在横向导航中实现 2D 旋转效果。代码如下：

```
<style>
div{
    width:300px;
    margin:40px auto;
    }
img:hover{
    transform:rotate(90deg)scale(2);
    -webkit-transform:rotate(90deg)scale(2);
    -o-transform:rotate(90deg)scale(2);
    -moz-transform:rotate(90deg)scale(2);
    }
</style>
</head>
<body>
<div>
<img src="10-4/tp1.jpg"  />
</div>
</body>
```

运行效果如图 10-5、图 10-6 所示。

图 10-5 没有添加旋转的效果

图 10-6 添加旋转后的效果

10.4 3D 变形

作为一个网页设计师，可能熟悉在二维空间工作，但在三维空间工作并不熟悉。我们在学习数学的时候，知道除了水平的 x 轴和垂直的 y 轴以外，还有一个 z 轴。沿着 z 轴可以改变元素的空间位置，也就是所谓的三维。使用 2D 变形，能够改变元素在水平和垂直方向的位置。使用 3D 变形，能够改变元素在 Z 轴的位置，使元素看起来更加立体。3D 变形和 2D 变形类似，也有转换属性，其属性如表 10-4 所示。

表 10-4 3D 转换的常用属性

属　　性	说　　明
transform	2D 或 3D 转换
transform-origin	允许改变转换元素的位置

续表

属　性	说　明
transform-style	嵌套元素在 3D 空间如何显示
perspective	规定 3D 元素的透视效果

transform 属性在 2D 变形中已讲解，这里主要介绍其他属性。

(1) transform-origin：该属性用于改变要转换的元素的起始位置，可用于块元素和行内元素，值可以是具体的 em、px 值，也可以是百分比，或者是关键字 left、center、bottom 等，默认是以 x 轴和 y 轴的初始值为中心点，即“50%，50%”。transform-origin 属性的语法如下：

```
transform-origin: x-axis y-axis z-axis;
```

此属性有 3 个值，分别是元素开始转换时在 x 轴的位置、y 轴的位置和 z 轴的位置。

目前 IE 9 及以下的浏览器不支持 transform-origin 属性，Firefox、Chrome 等浏览器支持，所以在使用时还需要加各自的前缀。

(2) transform-style：该属性使被转换的子元素保留其 3D 转换，默认值是 flat，表示子元素将不保留其 3D 位置。如果想要子元素保留其 3D 位置，必须将该属性值设置为 preserve-3d。

(3) perspective：该属性可以理解为视角，用于定义 3D 元素距视图的距离，单位为 px。假如设置值为 1000，表示观众在距离表演者 1000px 的位置处。perspective 值越大，表示观众距离表演者越远。如同坐在第一排的观众和坐在最后一排的观众，观看表演的视角是不一样的。perspective 默认值是 none，相当于 0。

10.4.1　3D 位移

3D 位移使用的依旧是 2D 变形中的 translate()方法，只不过多了 z 轴，表示在 x 轴、y 轴和 z 轴上的分别位移。3D 位移方法如表 10-5 所示。

表 10-5　3D 位移方法

方　法	说　明
translate3d(x,y,z)	3D 转换
translateX(n)	2D 和 3D 转换，沿 x 轴移动元素
translateY(n)	2D 和 3D 转换，沿 y 轴移动元素
translateZ(n)	2D 和 3D 转换，沿 z 轴移动元素

【例 10-7】在图片上应用 3D 位移效果。代码如下：

```
<style>
div{
```

```
    -webkit-transform-style:preserve-3d;
    -ms-transform-style:preserve-3d;
    -moz-transform-style:preserve-3d;
    transform-style:preserve-3d;/*创建 3D 场景*/
    -moz-perspective:1000px;
    -webkit-perspective:1000px;
    perspective:1000px;/*设置视角距离 1000px*/
    }
    img{ width:200px;}
    img:nth-child(1){ opacity:0.5;}
    img:nth-child(2){
    -webkit-transform:translate3d(100px,100px,300px);
    -moz-transform:translate3d(100px,100px,300px);
    -ms-transform:translate3d(100px,100px,300px);
    -o-transform:translate3d(100px,100px,300px);
        transform:translate3d(100px,100px,300px);
    }
</style>
</head>
<body>
<div>
<img src="li_li.jpg"/>
<img src="li_li.jpg"/>
 </div>
</body>
```

运行效果如图 10-7 所示。

图 10-7 3D 位移效果

10.4.2　3D 旋转

同 3D 位移一样，3D 旋转和 2D 旋转基本类似，只不过多了 rotatez(n)和 rotate3d(x,y,z,a) 两个方法。rotatez(n)指元素在 z 轴上的旋转，rotate3d(x,y,z,a)指元素在 x 轴、y 轴和 z 轴上 的旋转，如例 10-8 所示。

rotate3d()中的取值说明如下。

(1)　x：如果元素围绕 x 轴旋转，设置为 1，否则为 0。

(2)　y：如果元素围绕 y 轴旋转，设置为 1，否则为 0。

(3)　z：如果元素围绕 z 轴旋转，设置为 1，否则为 0。

(4)　a：是一个角度值，用来指定元素在 3D 空间旋转的角度。如果为正值，元素顺时 针旋转；反之，元素逆时针旋转。

【例 10-8】在图片上应用 3D 旋转效果。代码如下：

```
<style>
img{ width:200px;}
img:nth-child(1){ opacity:0.5;}
img:nth-child(2){
-webkit-transform:rotate3d(1,0,1,45deg);
-moz-transform:rotate3d(1,0,1,45deg);
-ms-transform:rotate3d(1,0,1,45deg);
-o-transform:rotate3d(1,0,1,45deg);
    transform:rotate3d(1,0,1,45deg);
}
</style>
</head>
<body>
<div>
<img src="li_li.jpg"/>
<img src="li_li.jpg"/>
 </div>
</body>
```

运行效果如图 10-8 所示。

图 10-8 3D 旋转效果

10.4.3 3D 缩放

3D 缩放和 2D 缩放相比，增加了 scaleZ(n)方法和 scale3d(x,y,z)方法。scaleZ(n)表示在 z 轴方向上缩放，当 n=1 时不缩放，当 n>1 时放大，当 0<n<1 时缩小。scale3d(x,y,z)表示在 x 轴、y 轴和 z 轴方向上缩放，scale3d(1,1,n)的效果等同于 scaleZ(n)。

接下来修改上述示例代码如下。

```
img:nth-child(2){
-webkit-transform:scale3d(1.2,0.5,3);
-moz-transform:scale3d(1.2,0.5,3);
-ms-transform:scale3d(1.2,0.5,3);
-o-transform:scale3d(1.2,0.5,3);
    transform:scale3d(1.2,0.5,3);
}
```

运行效果如图 10-9 所示。

图 10-9 3D 缩放效果

通过图 10-9 可以发现，当单独使用 scaleX()、scaleY()和 scaleZ()方法的时候，x 轴和 y 轴有缩放，而 z 轴却没有变化。在这里要注意下，scaleZ()和 scale3d()函数单独使用时 z 轴的缩放没有任何效果，需要配合其他转换函数一起使用才会有效果。

10.5 CSS 3 动画使用

前面介绍了使用 CSS 3 实现过渡、渐变和转换等效果，CSS 3 还可以实现强大的动画效果。这里我们将会介绍 animation 制作的动画。animation 和 transition 非常相似，都是通过改变元素的属性值来实现动画效果的。其区别有以下两点。

◎ transition 属性通过指定元素的初始状态和结束状态，然后在两个状态之间进行平滑过渡的方式实现动画。

◎ animation 属性实现的动画主要由两个部分组成：通过类似 Flash 动画的关键帧来声明一个动画；在 animation 属性中调用关键帧声明的动画，从而实现一个更为复杂的动画效果。

下面介绍使用 animation 制作动画的步骤。

(1) 通过关键帧(@keyframes)声明一个动画。

(2) 找到要设置的动画的元素，调用关键帧声明的动画。

1. 设置关键帧

使用动画之前必须先定义关键帧，一个关键帧表示动画过程中的一个状态。在 CSS3 中把@keyframes 称为关键帧，利用它可以设置多段属性。@keyframes 属性的语法格式如下：

```
@keyframes  animationname{
Keyframes-selector{ css-styles;}
}
```

@keyframes 属性说明如下。

◎ animationname：表示当前动画的名称，它将作为引用时的唯一标识，不能空。

◎ Keyframes-selector：关键帧选择器，即指定当前关键帧要应用到整个动画过程中的位置，值可以是百分比、from 或者 to。其中 from 和 0%效果相同，表示动画的开始；to 和 100%效果相同，表示动画的结束。

◎ css-styles：定义执行到当前关键帧时对应的动画状态。由 CSS 样式属性进行定义，多个属性之间用分号分隔，不能为空。

例如使用@keyframes 属性可以定义一个淡入动画，代码如下：

```
@keyframes  apper{
0%{ opacity:0;}
100%{ opacity:1;}
}
```

上述代码创建了一个名为 apper 的动画，该动画在开始时 opacity 为 0(透明)，动画结束时 opacity 为 1(不透明)。该动画效果也可以用下面的代码实现。

```
    @keyframes  apper{
from{ opacity:0;}
to{ opacity:1;}
    }
```

注意

Internet Explorer 9 及更早的版本不支持@keyframes 规则或 animation 属性。

【例 10-9】使用@keyframes 声明动画。

```
<style>
div{ width:100px;
   height:100px;
   background:red;}
@keyframes spread{
    0%{ width:0;
     transform:translate(100px,0);
     }
     25%{ width:20px;
     transform:translate(200px,0);}
     50%{ width:50px;
     transform:translate(300px,0);}
     75%{ width:70px;
     transform:translate(200px,0);}
     100%{ width:100px;
     transform:translate(100px,0);}
     }
</style>
</head>

<body>
<div>
</div>
</body>
```

上述代码设置了 div 的变化规则，其宽度设置由 0px 变为 20px、50px、70px、100px；设置水平移动由 100px 位置到 200px 到 300px 位置再回到 100px 的位置。运行后却没有发现动画效果。前面讲到动画的执行需要两个步骤，这里只是声明了动画，还没有调用声明好

HTML 5+CSS 3 网页设计教程

的关键帧。下面介绍如何调用声明好的关键帧。

2. 调用关键帧

在 CSS 3 中是通过 animation 属性来调用@keyframes 声明的动画。

【例 10-10】使用 animation 属性调用已声明的动画。

```
<style>
div{ width:100px;
   height:100px;
   background:red;
   animation:spread 2s linear;
   -webkit-animation:spread 2s linear;
   -moz-animation:spread 2s linear;
   -o-animation:spread 2s linear;
   }
@keyframes spread{
   0%{ width:0;
   transform:translate(100px,0);
   }
   25%{ width:20px;
   transform:translate(200px,0);}
   50%{ width:50px;
   transform:translate(300px,0);}
   75%{ width:70px;
   transform:translate(200px,0);}
   100%{ width:100px;
   transform:translate(100px,0);}
   }
</style>
</head>
<body>
<div>
</div>
</body>
```

运行效果如图 10-10 所示。

182

图 10-10　animation 动画效果

从上述代码中可以看到 div 的宽度变大、位置右移的过程。animation 设置了调用动画 spread，同时设置了动画播放时间 2s，以及设置了 animation-timing-function 属性值为 linear 从头到尾速度相同。

animation 属性也是复合属性，为了方便我们常用简写。下面简单介绍 animation 常用属性。

◎　animation-name：用于定义要应用的动画名称即由@keyframes 创建的动画名称。

◎　animation-duration：用于定义整个动画效果完成所需要的时间。

◎　animation-timing-function：用来规定动画的速度曲线，其取值和 transition-timing-function 取值意义相同，这里不再重复。

◎　animation-direction：动画的播放方向。主要有两个值：normal 表示动画每次都是循环向前播放；alternate 表示动画播放为偶数次则向前播放，为奇数次则向后播放。例如一个弹跳动画就可以用这个值来设置。

10.6　小型案例实训

本案例具体来演示使用 2D 变形属性制作照片墙，使用结构伪类选择器选择每一张照片，分别把它们定位到对应的位置上，使用 transform 属性为每张照片设置初始的旋转角度，鼠标指针移入图片后，图片放大 1.5 倍、旋转角度变为 0°，并覆盖在其他照片上方。具体做法如下。

(1)　使用 div 元素整体布局页面，使用 img 元素排版照片。关键代码如下。

```
<div class="box">
<img src="img/cosmo.jpg" />
<img src="img/sa.jpg" />
……
</div>
```

(2) 使用 position 将所有图片全部定位在坐标原点，关键代码如下：

```
.box{
width:900px;
margin:200px auto;
position:relative;
}
.box img{
    border:1px solid #ddd;
    padding:10px;
    background:#fff;
    position:absolute;
    z-index:1;/*图片的 z 轴层叠顺序：值相同，则按照后来者居上的原则，顺序来层叠*/
    }
```

(3) 使用结构伪类选择器分别选择每一张照片，并把它们定位到不同的位置，再设置不同的旋转度数。关键代码如下：

```
.box img:nth-child(1){
        top: 50px;
        left: 300px;
        transform: rotate(-15deg);
    }
    .box img:nth-child(2){
        top:-50px;
        left: 600px;
        transform: rotate(-20deg);
    }
......
```

(4) 鼠标指针移入图片后，图片放大 1.5 倍并且不旋转。代码如下：

```
.box img:hover{
        z-index:2;
        transform:rotate(0deg) scale(1.5);
        }
```

运行效果如图 10-11、图 10-12 所示。

图 10-11　鼠标指针未移入照片墙的效果

图 10-12　鼠标指针移入照片墙后的效果

习　　题

一、单选题

1. 以下关于 translate 的说法正确的是(　　)。

    A. 设定元素从当前位置移动至给定位置

    B. 设定元素顺时针旋转指定的角度，负值表示逆时针旋转

    C. 设定元素的尺寸会增加或减少

    D. 设定元素翻转指定的角度

2. 在 2D 转换中，以下哪个选项可以改变元素的宽和高？(　　)

    A. translate　　　　　　　B. rotate　　　　　　　C. scale　　　　　　　D.skew

3. 以下哪个 3D 属性可以改变被转换元素的位置？(　　)

    A. transform-origin　　　　　　　　　　　　B. transform-style

C. transform   D. perspective

4. 利用 3D 转换属性，让某个元素在 3D 空间显示，以下语法正确的是(　　)。

    A. transform-style:flat   B. transform-style:preserve-3d

    C. transform-style:none   D. transform-style:0

二、简答题

1. 简述 2D 变形的几种方式以及实现相应方式的方法。

2. 请列出 3D 变形需要的主要属性。

三、上机题

实现完成如图 10-13 所示的多彩照片墙。

图 10-13　多彩照片墙

第 11 章　实战开发——电子产品 购物网站首页实现

本章要点

(1)　网页布局分析;

(2)　DIV+CSS 布局实现。

学习目标

(1)　掌握如何综合应用 HTML 5 与 CSS 3 开发网页布局设置;

(2)　掌握如何综合应用 HTML 5 与 CSS 3 开发 Web 网站首页。

随着互联网的发展,很多公司为了方便客户了解本公司的业务,都会创建属于公司自己的门户网站。不论哪种类型的网站都要给用户提供清晰的信息。目前通用的方法是既提供合理的布局,方便用户查找所需的信息内容;又提供丰富的图片和文字介绍,给用户更好的直观感受。本章重点介绍一种较为实用的网站静态页面设计实例。

11.1　页面的布局分析

这里设计一个电子产品购物网站的首页,页面对应的文件为 11-1.html,浏览效果如图 11-1 所示。

图 11-1　整体浏览效果图

页面布局为：主区域 container 包含三个区域，分别为网页首部区(top)、主内容区(main)区和页面尾部区(footer)，然后在这三个区域内再次进行布局划分。网页布局效果图如图 11-2 所示。

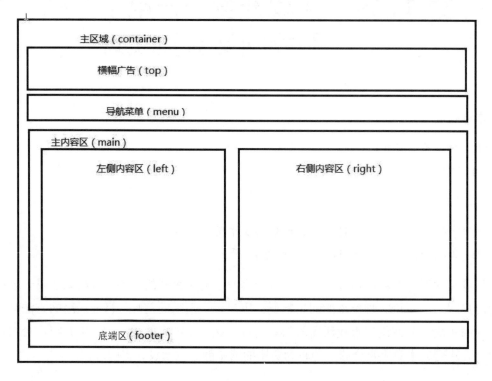

图 11-2　整体布局图

11.2　网页 top 区

网页 top 区显示整个网页的主题部分，由背景图和广告词构成，效果图如图 11-3 所示。

图 11-3　top 区效果图

内容代码如下：

```
  <div class="top">
  <span>王者归来</span><br />
  正品行货 全国联保
</div>
```

样式代码如下：

```
.top{
height:390px; background:url(dh.jpg); font-weight:bolder; color:#FFF;
padding:70px 0px 0px 550px;font-size:40px;
 }
.top span{ color:#F90;font-size:80px;font-weight:bolder; }
```

11.3 网页导航菜单(menu)区

menu 区的作用是放置网页的导航菜单，使用无序列表的形式添加导航菜单内容，效果图如图 11-4 所示。

| 首页 | 公司信息 | 商品信息 | 客户反馈 | 店铺信息 | 联系我们 |

图 11-4 导航菜单

内容代码如下：

```
<div class="menu">
  <ul>
  <li><a href="#">首页</a></li>
  <li><a href="#">公司信息</a></li>
  <li><a href="#">商品信息</a></li>
  <li><a href="#">客户反馈</a></li>
  <li><a href="#">店铺信息</a></li>
  <li><a href="#">联系我们</a></li>
</ul>
</div>
```

样式代码如下：

```
.menu{
height:30px;
 background:#B7A69C;
margin-bottom:10px;
 font-size:14px;
```

```
}
.menu li{ float:left; }
ul{
padding:0px;
margin:0px;
list-style:none;
}
.menu a{
text-decoration:none;
display:block;
padding:5px 10px;
border-right:1px solid #FFF;
 color:#FFF;
 font-weight:bolder;
}
```

11.4　主要内容(main)区

主要内容(main)区是首页上显示主要内容的区域，这里被划分为多个区域来显示不同的部分，又分为 left、right 和 right-lis 区。

1. 左边内容(left)区

左边内容区主要是电子产品展示，效果图如图 11-5 所示。

图 11-5　左边区

内容代码如下：

```
<div class="left">
  <img src="img/main01.gif" width="133" height="108" />
  <img src="img/main03.gif" width="133" height="108" />
```

```
    <img src="img/main05.gif" width="133" height="108" />
    <img src="img/main07.gif" width="133" height="108" />
    <img src="img/left1.jpg" width="133" height="83" />
    <img src="img/left4.jpg" width="133" height="88" />
    <img src="img/left5.jpg" width="133" height="88" />
    <img src="img/left3.jpg" width="133" height="74" />
    </div>
```

样式代码如下：

```
.left{
width:548px;
float:left;
}
```

2. 右边内容(right)区

右边内容区主要给出有关电子产品的新闻动态，效果图如图 11-6 所示。

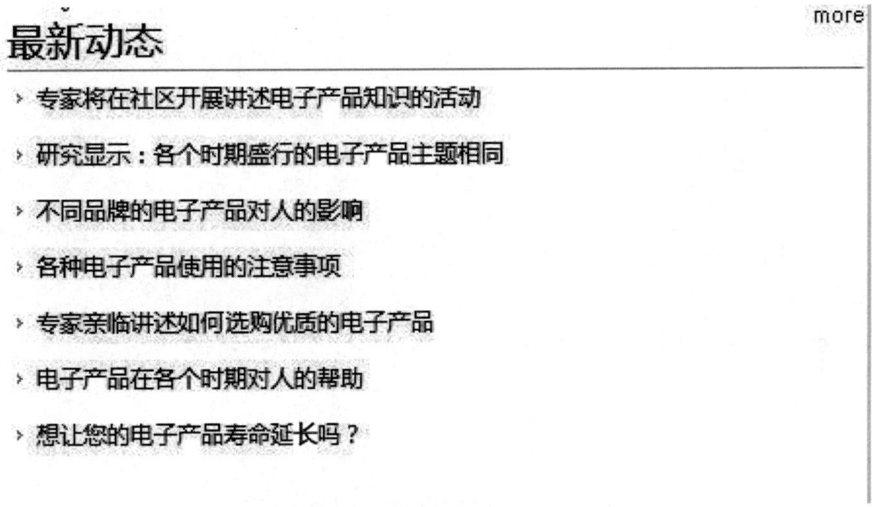

图 11-6　右边内容

内容代码如下：

```
<div class="right">
  <div class="right-lis">
    <img src="img/14704.png" width="25" height="6" />    最新动态
    </div>
    <ul>
  <li><a href="#">专家将在社区开展讲述电子产品知识的活动</a></li>
  <li><a href="#">研究显示：各个时期盛行的电子产品主题相同</a></li>
  <li><a href="#">不同品牌的电子产品对人的影响</a></li>
```

```
    <li><a href="#">各种电子产品使用的注意事项</a></li>
    <li><a href="#">专家亲临讲述如何选购优质的电子产品</a></li>
    <li><a href="#">电子产品在各个时期对人的帮助</a></li>
    <li><a href="#">想让您的电子产品寿命延长吗？</a></li>
</ul>
    </div>
```

样式代码如下：

```
.right{
width:440px;
float:left;
margin-left:10px;
line-height:28px;
}
.right-lis{
border-bottom:1px solid #999;
font-size:20px;
}
.right-lis img{
float:right;
}
.right a{
text-decoration:none;
color:#000;
background:url(img/14706.png) no-repeat 5px center;
padding:15px;
}
```

11.5 底端(footer)区

首页的底部一般情况下放置网站的版权等其他信息，效果图如图 11-7 所示。

图 11-7 底端区

内容代码如下：

```
<div class="footer">
```

```
COPYRIGHT &copy; 1996 - 2013 TENXXCENT. ALL RIGHTS RESERVWVGFED. 版权归公
司所有<br />
网络文化经营许可证：皖网文[2013]04000-000 号
</div>
```

样式代码如下：

```
.footer{
clear:both;
text-align:center;
padding:40px 0px 20px;
}
```

到这里，电子产品购物网站首页已经制作完成。通过本页面的制作，相信读者已经能够对网页制作有了进一步的理解和把握，能够熟练运用 HTML 5+CSS 3 实现网页的布局及美化，并运用 CSS 3 为网页添加动态效果。

参 考 文 献

[1] 泽尔德曼. 网站重构——应用 Web 标准进行设计[M]. 2 版. 傅捷，王宗义，祝军，译. 北京：电子工业出版社，2012.

[2] 李超. CSS 网站布局实录[M]. 2 版. 北京：科学出版社，2007.

[3] 陈恒，刘鑫. HTML 与 CSS 网页设计教学做一体化教程[M]. 北京：清华大学出版社，2013.

[4] 孙鑫. HTML 5、CSS 和 JavaScript 开发[M]. 北京：电子工业出版社，2012.

[5] Wyke-Smith C. CSS 设计指南[M]. 李松峰，译. 北京：人民邮电出版社，2013.